Bauernregeln und Spruchweisheiten für jeden Tag

Mit Tips aus der natürlichen Hausapotheke und Weisheiten großer Denker

Herausgegeben
von
Irene und Gerald Drews

Pattloch Verlag

Pattloch Verlag, Augsburg

Satz: 9/10 P. Walbaum von Uhl + Massopust, Aalen
Gesamtherstellung: Wiener Verlag, Himberg bei Wien
Printed in Austria
ISBN 3-629-00600-0

Vorwort

»Das steht doch in den Bauernregeln«, hieß es früher von Sachen, die allgemein bekannt und anerkannt waren. In unserer Zeit, die sich immer mehr zurückbesinnt auf das Natürliche und Altbewährte, finden die Naturgesetze und -regeln unserer Vorfahren zusehends neues Interesse.

Der Kalender wurde ja gewissermaßen von der Natur gemacht. Aussaat und Ernte, feuchte und trockene Perioden – das alles geschieht in einem bestimmten Rhythmus. So bekommt das bäuerliche Jahr eine Struktur. Und die Übergänge zwischen den einzelnen Phasen wurden seit jeher feierlich begangen. Ob dies nun die Sonnenwende ist, die Tagundnachtgleiche, ob Beginn oder Ende der Feldarbeit. Das Beginnen, Werden und Sterben der Natur spiegelt letztlich ja auch das Sein des Menschen wider.

So hat das Leben auf dem Land für jeden Tag seinen feststehenden Spruch. Jeder Tag stand und steht im Zeichen eines verehrten Heiligen, (fast) jeder Tag war ein Vorbote auf Kommendes. Das heute bekannte Kirchenjahr ist aus der religiösen Praxis des biblischen Israel hervorgegangen. Und vieles, was zunächst heidnisch war, bekam durch die Verknüpfung mit Heiligen einen frommen »Touch«.

Man mag manches davon heute für Aberglauben halten. Doch sind Bauernregeln weniger zuverlässig als die elektronischen, von Satelliten bestimmte Wettervorhersagen? Haben Lostage oder verworfene Tage weniger Aussagekraft als die Wetterkarten unserer Fernsehanstalten?

Ähnliches läßt sich für Großmutters Hausmittel sagen, zu denen immer mehr Leute greifen, die es satt haben, sich ausschließlich der Chemie anzuvertrauen. Was in Jahrhunderten gewachsen ist, von Generation zu Generation weitervererbt wurde – kann das schlecht sein?

Ein Spaziergang durch das Bauernjahr soll dieses Buch für Sie sein, mit viel Wissenswertem über jeden Tag, mit Nützlichem für Ihre Gesundheit, mit besinnlichen Gedanken großer Denker für jede Stunde. Eine unter-

haltsame und lehrreiche Lektüre für alt und jung wollen wir Ihnen mit diesem hilfreichen Nachschlagewerk bieten.
Die einen mögen an lang Vergessenes erinnert werden, den anderen soll sich eine neue, alte Welt aufschließen. In jedem Fall soll überliefert werden und somit erhalten bleiben, was gut und bewährt ist. Das war unser Ziel.
Bei den Namenstagen haben wir uns nach dem »großen Namenstagkalender«, herausgegeben von den liturgischen Instituten Salzburg, Trier, Zürich, gerichtet, bei den Bauernregeln nach Selbstgesammeltem, Gefundenem aus den unterschiedlichsten Quellen, die Sie im Anhang des Buches finden.

Augsburg, im Winter 1990/1991 Die Herausgeber

Anmerkung:
Der Sonntag nach dem ersten Vollmond im Frühjahr ist laut dem Konzil von Nizäa im Jahre 325 Ostersonntag. Er liegt also zwischen dem 23. März und 26. April. Wir haben für diesen Tag mit dem 9. April »die goldene Mitte« gewählt und dieser Berechnung nach von dort aus die weiteren beweglichen Feiertage bestimmt, sofern Sie uns für den Inhalt dieses Buches wichtig erschienen.

Januar

Namen-Jesu-Monat

1. Januar

Hochfest der Mutter Maria, Welttag des Friedens

Wenn der tiefste Sonnenstand überwunden ist, beginnt das neue Jahr. Hieraus erwächst neue Hoffnung auf Sonne und Licht in einer Zeit voll Kälte und Finsternis. Den 1. Januar als Neujahrstag hat allerdings erst 1691 Papst Innozenz XII. festgelegt. Bis dahin hatte es kein bestimmtes Datum für den Neujahrstag gegeben.

Wetterregel:
Neujahrsnacht still und klar
deutet auf ein gutes Jahr.

Weisheit:
Nicht das, was wir beginnen, zählt,
sondern das, was wir fertigbringen. (Emil Oesch)

Namenstage:
Basilius, Wilhelm von Dijon, Fulgentius.

Die natürliche Hausapotheke:
Bei Kopfschmerzen – und die können ja gerade am Neujahrsmorgen verstärkt auftreten – gibt es folgende Tips aus Großmutters Gesundheitsschrank: Blasen Sie drei- bis viermal kräftig in eine Papiertüte. Angeblich sollen die Schmerzen schlagartig verschwinden. Wenn das nicht hilft: Ein Teelöffel voll Salz, auf einmal hinuntergeschluckt, soll ebenfalls Wunder wirken.

2. Januar

Bereits im alten Rom gab es »dies atri«, Tage an denen nichts Neues begonnen werden durfte. Später wurden diese Tage, an denen man keine Reisen unternahm, keinen Aderlaß verrichtete und auch sonst nichts völlig Neues anfing, »verworfene Tage« oder Schwendtage genannt. Im Januar sind dies der 2., 3., 4. und 18.

Wetterregel:
Wie das Wetter an Markarius war,
so wird der September: trüb oder klar.

Weisheit:
Was du erhältst, nimm ohne Stolz an!
Was du verlierst, gib ohne Trauer auf! (Mark Aurel)

Namenstage:
Basilius, Gregor, Adalhard, Dietmar, Odilo v. Cluny, Markarius.

Die natürliche Hausapotheke:
Bei Blutarmut sollten Sie viel blaue Trauben essen.

3. Januar

Die bekanntesten Bauernregeln entstammen den sogenannten »Lostagen«, von denen es 84 im Jahr gibt – die meisten davon werden in Verbindung mit bekannten Volksheiligen gebracht. Sie werden in diesem Buch ausführlich beschrieben. Schon bei den alten Germanen war man der Meinung, daß das Wetter an diesen Tagen langfristig auf die künftige Witterung schließen läßt. Der Januar mit 11 hat die meisten, der Mai mit fünf die wenigsten Lostage. Alle Kirchentage gelten als Lostage, besonders erwähnenswert sind ferner Neujahr, Lichtmeß (2. Februar), Matthias (24. Februar), Johannis (24. Juni), Matthäus (21. September), Michael (29. September) und die zwölf Rauhnächte vom Heiligen Abend bis zum Dreikönigstag.

Wetterregel:
Wenn's um Neujahr Regen gibt
oft um Ostern Schnee noch stiebt.

Weisheit:
Wir sind in diese Welt gekommen, nicht nur, daß wir sie kennen, sondern daß wir sie bejahen.

(Rabindranath Tagore)

Namenstage:
Irmina, Genovefa.

Die natürliche Hausapotheke:
Ein halber Liter Milch täglich sorgt für glatte und weiche Haut.

4. Januar

Wetterregel:
Knarrt im Januar Eis und Schnee,
gibt's zur Ernt' viel Korn und Klee.

Weisheit:
Eigentlich ergreift der Aberglaube nur falsche Mittel, um ein wahres Bedürfnis zu befriedigen.
(Johann Wolfgang von Goethe)

Namenstage:
Maro (Marius), Roger, Angela v. Foligno.

Die natürliche Hausapotheke:
Eine langanhaltende Wirkung wird der Quarkmasse zugeschrieben. Verrühren Sie dazu zwei Eßlöffel Quark, einen Eßlöffel Milch und einen Teelöffel Honig und lassen Sie diese Maske auf Ihrem Gesicht trocknen. Anschließend einfach abspülen.

5. Januar

Wetterregel:
Kommt der Frost im Januar nicht,
zeigt im März er sein Gesicht.

Weisheit:
Das einzige Mittel, das Leben zu ertragen, ist, es schön zu finden. (Rudolf Leonhard)

Namenstage:
Ämiliana (Emilie), Gerlach.

Die natürliche Hausapotheke:
Wer nach all den vielen Schlemmertagen einen Fasttag einlegen möchte, sollte regelmäßig ein paar mit Honig gesüßte Tassen Melissentee sowie viel Mineralwasser trinken. Der Magen wird beruhigt, das Hungergefühl verdrängt.

6. Januar

Heilige Drei Könige, Erscheinung des Herrn

Das »richtige« Neujahr beginnt für den Bergbauern erst heute. Deswegen wird der Dreikönigstag im Alpenraum auch »Großes« oder »Hohes Neujahr« genannt. Den mythischen heidnischen, oft lärmenden Perchtenläufen (von althochdeutsch »perath« = leuchend) setzte das Christentum im Mittelalter die Dreikönigsaufzüge entgegen. Je nach Gegend sind beide Traditionen bis heute von großer Bedeutung. Hinzu kommt seit 1958 in allen deutschen Bistümern die »Aktion Dreikönigssingen«, bei der Spenden für die dritte Welt erbeten werden. Das Fest der Erscheinung des Fest des Herrn wird auch Epiphanie genannt. So nannte man im Altertum den Besuch des Kaisers bei seinen weit entfernten Ländereien. Die mit der jeweiligen Jahreszahl mit Kreide auf den Türbalken geschriebenen Buchstaben C+M+B werden entweder auf die Namen der Heiligen Drei Könige bezogen oder auf den Spruch »Christus mansionem benedicat« (Christus segne dieses Haus).

Wetterregel:
Heiligdreikönig sonnig und still,
Winter vor Ostern nicht weichen will.

Weisheit:
Die Natur ist die beste Führerin des Lebens. (Cicero)

Namenstage:
Kaspar, Melchior, Balthasar, Wiltrud, Gertrud, Erminold, Makarius, Pia, Raimund.

Die natürliche Hausapotheke:
Altersflecken im Gesicht lassen sich mit Rizinusöl bekämpfen.

7. Januar

Das sagt der Hundertjährige Kalender: Wenn das Thermometer im Winter stark absinkt, ist mit gutem Wetter zu rechnen.

Wetterregel:
Januar, je kälter und heller,
Scheune und Faß um so völler.

Weisheit:
Zwei Beleidigungen gibt es, die der Mensch nicht erträgt: die Behauptung, er habe keinen Sinn für Humor, und die noch mal so unverschämte Behauptung, er habe nie Sorgen gehabt. (Sinclair Lewis)

Namenstage:
Raimund, Valentin, Sigrid, Virginia, Widukind, Reinold, Knud, Tilman

Die natürliche Hausapotheke:
Früh, mittags und abends ein kleines Glas Karottensaft hält jung, entlastet Leber, Nieren und Blase, fördert den Blutaufbau und entschlackt.

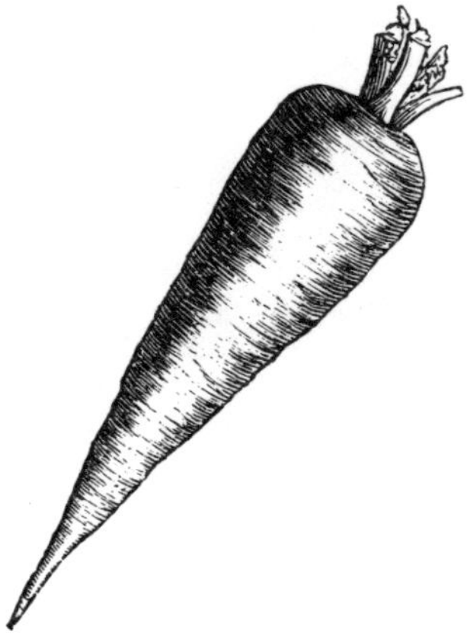

8. Januar

Altem Volksglauben nach entfalten in jedem Monat bestimmte Edelsteine ihre positive Wirkung. Die besonderen Steine für Januar sind Granat und Hyazinth.

Wetterregel:
St. Erhard mit der Hack
steckt die Feiertag in den Sack.

Weisheit:
Wer sich an andre hält, dem wankt die Welt.
Wer auf sich selber ruht, steht gut.

(Paul Heyse)

Namenstage:
Severin, Erhard, Gudula, Heinrich.

Die natürliche Hausapotheke:
Ein Tip aus Großmutters Schatzkästlein gegen Husten: Zwiebeln auskochen, den Saft mit braunem Zucker anreichern und als Hustensaft trinken.

9. Januar

Wetterregel:
Wächst das Gras im Januar,
ist's im Sommer in Gefahr.

Weisheit:
Der Mensch ist das Modell der Welt.

(Leonardo da Vinci)

Namenstage:
Julian, Basilissa, Eberhard, Alix.

Die natürliche Hausapotheke:
Mitesser verschwinden, wenn Sie täglich ein halbes Glas Saft roter Rüben trinken!

10. Januar

Wetterregel:
Am 10. Januar Sonnenschein
bringt viel Korn und Wein.

Weisheit:
Jesus spricht davon, daß wir vollkommen sein sollen. Nicht in Disziplinen, die wir nicht beherrschen, sondern in dem, was wir alle können: im Lieben.

(Chiara Lubich)

Namenstage:
Gregor X., Paulus von Theben, Wilhelm von Bourges.

Die natürliche Hausapotheke:
Gegen Rheuma und Ischias gilt das folgende alte Rezept: Trinken Sie zwei Wochen hintereinander jeden Morgen vor dem Frühstück einen halben Liter warme Milch und wiederholen Sie diese Kur alle zwei, drei Wochen.

11. Januar

Wetterregel:
**Der Januar muß krachen,
soll der Frühling lachen.**

Weisheit:
**Wer sich nach Licht sehnt, ist nicht lichtlos.
Denn die Sehnsucht ist schon Licht.**

(Bettina von Arnim)

Namenstage:
Paulin, Johannes, Theodosius.

Die natürliche Hausapotheke:
Gegen Sodbrennen helfen zwei bis drei Joghurt, verrät Großmutters Rezeptesammlung.

12. Januar

Nach alter Volksmedizin war dieser Tag gut zum Aderlassen.

Wetterregel:
Ist der Januar hell und weiß,
kommt der Frühling ohne Eis,
wird der Sommer sicher heiß.

Weisheit:
Ein einziger Grundsatz wird dir Mut geben,
nämlich, daß kein Übel ewig währt,
ja nicht einmal sehr lange dauern kann. (Epikur)

Namenstage:
Tatiana, Hilda, Aelred, Johann Kaspar, Ernst.

Die natürliche Hausapotheke:
Bei Verbrennungen der Haut kann das folgende Hausrezept helfen: Lassen Sie sofort eiskaltes Wasser mehrere Minuten über die verbrannte Stelle laufen. Machen Sie anschließend einen Wickel mit Johanniskrautöl. Auch das Auflegen roher Kartoffelscheiben, Kohl- oder Efeublätter soll helfen.

13. Januar

Taufe des Herrn

Wetterregel:
Je frostiger der Januar,
je freudiger das ganze Jahr.

Weisheit:
Reich sein an Freuden hängt nicht von Armut ab, sondern von einem genügsamen, zufriedenen Herzen. (Jeremias Gotthelf)

Namenstage:
Hilarius, Gottfried, Heldemar, Ivette (Jutta), Remigius.

Die natürliche Hausapotheke:
Eine alte Hausregel besagt: Wer einen Fremdkörper verschluckt hat, soll Sauerkraut oder Kartoffelbrei essen, da der unerwünschte Gegenstand davon im Darm umhüllt werde.

14. Januar

Dieser Tag war nach altem Volksglauben gut zum Schröpfen. Dazu wurden kleine erwärmte Glaskugeln (»Schröpfköpfe«) auf die Haut gelegt, um die Durchblutung zu fördern.

Wetterregel:
Ist der Januar warm,
Gott erbarm.

Weisheit:
Ich lerne es täglich, lerne es unter Schmerzen, denen ich dankbar bin: Geduld ist alles. (Rainer Maria Rilke)

Namenstage:
Engelmar, Reiner, Berno, Heilika, Felix von Nola.

Die natürliche Hausapotheke:
Bei großporiger Haut rät Großmutters Gesundheitsbuch zu Essigbädern. Pro Vollbad sollten Sie einen halben Liter Essig zugeben.

15. Januar

Das sagt der Hundertjährige Kalender: Wenn die Abendrotfärbung des Himmels auch im Osten zu sehen ist, droht schlechtes Wetter.

Wetterregel:
So viele Tropfen im Januar,
so viel Schnee im Mai.

Weisheit:
Seine Freude in der Freude des anderen finden können, das ist das Geheimnis des Glücks. (Georges Bernanos)

Namenstage:
Romedius, Arnold, Maurus, Konrad II.

Die natürliche Hausapotheke:
Kleinkinder, die noch nicht selbst schneuzen können, bekommen eine freie Nase, indem Sie sie mit einem Wattestäbchen mit Vaseline ausputzen.

16. Januar

Wetterregel:
Wirft der Maulwurf im Januar,
dauert der Winter bis Mai sogar.

Weisheit:
Es gibt keinen Weg, der nicht auch nach Hause führt.
(Aus Zululand)

Namenstage:
Marzellus I., Honorat, Tillo (Tillmann), Tozzo (Tasso), Ulrich, Theobald.

Die natürliche Hausapotheke:
Brüchige Fingernägel sollten Sie abends in heißem Eichenrindentee baden und anschließend mit lanolinhaltiger Salbe einreiben.

17. Januar

Wetterregel:
Wenn an Sankt Anton die Luft ist klar,
gibt es ein recht trockenes Jahr.

Weisheit:
Große Geister sagen in wenigen Worten viel,
kleine in vielen nichts. (François La Rochefoucauld)

Namenstage:
Antonius von Ägypten, Gamelbert, Beatrix.

Die natürliche Hausapotheke:
Anis, weiß Omas Weisheitenschatz, ist ein guter Helfer bei Blähungen, Verschleimung und Asthma. Außerdem sorgt er für guten Schlaf.

18. Januar

Petri Stuhlfeier in Rom

Wetterregel:
Die Erde muß ihr Bettuch haben,
soll sie der Winterschlummer laben.

Weisheit:
Man löst keine Probleme, indem man sie auf Eis legt.
(Winston Churchill)

Namenstage:
Priska, Odilo von Bayern, Wolfrid, Regina.

Die natürliche Hausapotheke:
Haben Sie sich eine stark blutende Schnittverletzung zugezogen, sollten Sie die Wunde zunächst gut reinigen und anschließend ein Stück Watte auflegen, das Sie zuvor in heißes, sauberes Wasser getaucht haben. Dies stillt die Blutung sofort.

19. Januar

Wetterregel:
Braut der Januar Nebel gar,
wird der Frühling naß fürwahr.

Weisheit:
Keine Zukunft vermag gutzumachen, was du in der Gegenwart versäumst. (Albert Schweitzer)

Namenstage:
Agritius, Marius, Audifax, Abachum, Ratmund, Aleidis, Heinrich von Staufen, Knud.

Die natürliche Hausapotheke:
Gegen eine Beule hilft es, wenn Sie sofort die flache Seite einer Messerklinge aufdrücken.

20. Januar

Weil »an Sebastian der Saft in die Bäume schießt«, durfte früher nach dem 20. Januar kein Holz mehr gefällt werden. Und die jungen Burschen machten sich ab diesem Tag Pfeiflein aus Weidenruten.

Wetterregel:
An Fabian und Sebastian
fängt der rechte Winter an.

Weisheit:
Die Zeit galoppiert mit dem Verbrecher zur Richtstätte und schleicht mit der Braut zum Brautgemach.

(Volksmund)

Namenstage:
Fabian, Sebastian, Elisabeth, Ursula, Jakob.

Die natürliche Hausapotheke:
Schmelzen Sie zehn Gramm Bienenwachs und rühren drei Eßlöffel Bienenhonig zügig unter. Wenn Sie diese Creme nach dem Erkalten regelmäßig anwenden, wird die Haut besser durchblutet und sie bleibt samtweich und zart.

21. Januar

Wetterregel:
Fehlen dem Januar Schnee und Frost,
gibt der März sehr wenig Trost.

Weisheit:
Ich habe mich immer bemüht, eine Viertelstunde zu früh zu sein. Und das hat mich zum Mann gemacht.
(Horatio Nelson)

Namenstage:
Agnes, Meinrad, Patroklus.

Die natürliche Hausapotheke:
Ein bewährtes Hausmittel gegen Appetitlosigkeit ist ein täglicher Eßlöffel Aniskörner, eingenommen in einem Glas Wasser oder Tee.

22. Januar

Das sagt der Hundertjährige Kalender: Sind Geräusche aller Art besonders deutlich auch von weit her hörbar, droht Regen.

Wetterregel:
Tanzen im Januar die Mucken
muß der Bauer nach dem Futter gucken.
Wie das Wetter um Vinzenz war,
wird es sein das ganze Jahr.

Weisheit:
Das Gesicht des Menschen erkennst du bei Licht,
seinen Charakter im Dunklen. (Volksmund)

Namenstage:
Vinzenz, Gaudenz, Anastasius, Theodelind (Dietlind), Walter, Elisabeth.

Die natürliche Hausapotheke:
Gegen Verdauungsstörungen hilft oft das folgende alte Hausmittel: ein fünfzehnminütiges Fußbad mit fünf Liter Wasser und je drei Teelöffel Salz und Apfelessig.

23. Januar

Mariä Vermählung

Wetterregel:
Auf trockenen, kalten Januar
folgt viel Schnee im Februar.

Weisheit:
Alles Große und Edle ist einfacher Art.

(Gottfried Keller)

Namenstage:
Heinrich, Desponsata, Emerentiana, Ildefons, Lüfthild, Hartmut, Wido, Nikolaus, Eugen.

Die natürliche Hausapotheke:
Zuviel Vitamin A ist gefährlich! Es kann dadurch zu Übelkeit, Erbrechen und Kopfschmerzen kommen. Bei Schwangeren besteht sogar die Gefahr einer Fehlbildung des Kindes. Etwa 1,3 Milligramm dieses vor allem in Leber, Karotten, Spinat, Kohl und Paprika vorkommenden Vitamins täglich genügen für Erwachsene vollauf.

24. Januar

Wetterregel:
Januar kalt und rauh
nutzt dem Getreidebau.

Weisheit:
Mit Adleraugen sehen wir die Fehler anderer,
mit Maulwurfsaugen unsere eigenen.

(Franz von Sales)

Namenstage:
Franz von Sales, Eberhard, Vera, Arn, Bernhard, Artemius.

Die natürliche Hausapotheke:
So bekommen Sie gesunde Raumluft im Schlafzimmer, was besonders bei Erkälteten von großer Bedeutung ist: Geben Sie in eine große Schüssel kochendes Wasser sechs bis zehn Tropfen Pfefferminzöl und stellen Sie diese Flüssigkeit unter Ihr Bett.

25. Januar

Pauli Bekehrung

An diesem Tag soll die Bekehrung des Saulus zum Paulus stattgefunden haben. An »Pauli Bekehrung« war nach altem Volksglauben die Mitte des Winters erreicht; der Bauer warf deshalb einen Blick auf seine Futtervorräte, um nachzusehen, ob sie noch reichen.

Wetterregel:
Ist zu Pauli Bekehr das Wetter schön,
wird man ein gutes Frühjahr sehn.
Ist's an diesem Tag aber schlecht,
dann kommt es spät als fauler Knecht.

Weisheit:
Leben heißt kämpfen. (Seneca)

Namenstage:
Wolfram, Titus Maria, Prikt, Amarin, Elid, Poppo, Eberhard.

Die natürliche Hausapotheke:
Eine Frostbeule werden Sie wieder los, wenn Sie sie täglich mit Ochsengalle einreiben. Auch ein Bad in Kartoffelwasser kann helfen, wobei Sie das Wasser anschließend eintrocknen lassen sollten.

26. Januar

Wetterregel:
Gelinder Januar bringt spätes Frühjahr.

Weisheit:
Wer immer die Wahrheit sagt, kann sich ein schlechtes Gedächtnis leisten. (Theodor Heuss)

Namenstage:
Timotheus, Titus, Paula, Notburg, Alberich, Albert.

Die natürliche Hausapotheke:
Ein Zitronenbad beruhigt die Nerven. Dazu müssen Sie sechs Zitronen mit Schale in Scheiben schneiden und einige Stunden in kaltes Wasser legen. Die dabei entstehende Lauge gießen Sie durch ein Sieb in Ihr Badewasser.

27. Januar

Wetterregel:
Nebel im Januar
macht ein nasses Frühjahr.

Weisheit:
Den Wind kann man nicht verbieten. Aber man kann Mühlen bauen. (Aus Holland)

Namenstage:
Angela Merici, Julian von Le Mans, Unwan, Alrun(a), Gerhard, Johannes Chrysostomus.

Die natürliche Hausapotheke:
Warzen sind lästig und sehen häßlich aus. In vielen Fällen hilft es, wenn Sie die Stelle mehrere Male am Tag in einem heißen Eichenrindensud waschen. Andere Quellen sagen, daß der Schleim schwarzer Schnecken helfen soll.

28. Januar

Wetterregel:
Januar ganz ohne Schnee
tut Bäumen, Bergen, Tälern weh.

Weisheit:
Alles, was gegen das Gewissen geschieht, ist Sünde.
(Thomas von Aquin)

Namenstage:
Thomas von Aquin, Karl, Irmund, Manfred, Karoline Barbara, Josef.

Die natürliche Hausapotheke:
Auch, wenn es nicht angenehm ist: Manchmal braucht man ein Brechmittel. Besonders wirksam, so Großmutters Geheimrezept, ist ein Teelöffel Salz, ein halber Teelöffel Senf, verrührt in einer Tasse mit warmem Wasser. Und runter damit!

29. Januar

Wetterregel:
Ist der Januar sehr naß,
bleibt leer des Winzers Faß.

Weisheit:
Jede Generation lächelt über die Väter, lacht über die Großväter und bewundert die Urgroßväter.

(Somerset Maugham)

Namenstage:
Valerius von Trier, Aquilin, Poppo, Radegund, Karl.

Die natürliche Hausapotheke:
Eine eitrige Stelle am Körper bringen Sie am besten mit Kamillendampfbädern zum Aufgehen.

30. Januar

Wetterregel:
Wenn der Jänner viel Regen bringt,
werden die Gottesäcker gedüngt.
Bringt Martina Sonnenschein,
hofft man auf viel Korn und Wein.

Weisheit:
Wenn man auch das Leben als einen schonungslosen Wettlauf ansieht, in dem unweigerlich die Geschickten, Kräftigen vorn, die Ungeschickten, Schwachen hinten sein werden, über eines kann es doch unter honorigen Sportsleuten keine Meinungsverschiedenheit geben: daß der Start für alle gleich sein müßte. (Alfred Polgar)

Namenstage:
Adelgund, Martina, Serena, Bathild, Thiathild (Diethild), Amnichat, Maria.

Die natürliche Hausapotheke:
Geschlagener Wegerich oder frischer Grünkohl sind bewährte Hausmittel bei schlecht heilenden Wunden.

31. Januar

So heißt der Januar in anderen Sprachen: Deutsch des 15. Jahrhunderts: Jenner; Französisch: Janvier; Lateinisch: Januarius; Altdeutsch: Hartung; Englisch: January; Italienisch: Genaio; Jüdisch: Schebat; Arabisch: Muharrem.

Wetterregel:
Anfang und Ende vom Januar
zeigen das Wetter für ein ganzes Jahr.

Weisheit:
Du kannst dein Leben nicht verlängern noch verbreitern, noch vertiefen. (Gorch Fock)

Namenstage:
Johannes Don Bosco, Eusebius, Marzella, Hemma, Wolfhold, Rudbert.

Die natürliche Hausapotheke:
Eine Schicht Glyzerincreme kann bei rauhen oder roten Händen Wunder wirken, wenn Sie über Nacht Baumwollhandschuhe darüberziehen und die Creme auf diese Weise ungestört einwirken kann.

Februar

Lichtmeßmonat

1. Februar

Holz, das weder faul noch wurmig und mit zunehmendem Alter härter werden soll, muß zwischen dem 31. Januar und 2. Februar geschlagen werden, sagt eine Bauernweisheit.

Wetterregel:
Der Februar muß stürmen und blasen,
soll das Vieh im Lenze grasen.

Weisheit:
Wer die Welt verbessern will, der fange bei sich selber an. (Ignatius von Loyola)

Namenstage:
Brigida (Brigitte), Sigibert III., Severus, Winand, Ignatius.

Die natürliche Hausapotheke:
Ein paar Eßlöffel Haferflocken, trocken zerkaut und ohne Beigaben, sind ein bewährtes Hausmittel gegen Sodbrennen.

2. Februar

Mariä Lichtmeß/Darstellung des Herrn

Mariä Lichtmeß war auf dem Lande noch bis in die Mitte unseres Jahrhunderts hinein einer der wichtigsten Tage des Jahres. 40 Tage nach Christi Geburt wird mit dem Fest der Lichterweihe an den Besuch Marias im Tempel erinnert. »An Lichtmeß fängt der Bauersmann neu mit des Jahres Arbeit an«, lautet eine alte Bauernregel. An diesem Tag konnten auch Mägde und Knechte ihre Stelle wechseln und ihren einwöchigen Jahresurlaub nehmen.

Wetterregel:
Lichtmeß im Klee,
Ostern im Schnee.

Weisheit:
Nur ein Fremdling, sagt man mit Recht,
ist der Mensch hier auf Erden.
(Johann Wolfgang von Goethe)

Namenstage:
Hadelog, Dietrich, Markward, Bodo, Stephan, Maria Katharina, Alfred, Gosbert.

Die natürliche Hausapotheke:
Gegen Appetitlosigkeit sollten Sie einer alten Weisheit nach Tee aus Kümmel und Schafgarbe trinken.

3. Februar

Der heilige Blasius gilt unter anderem als Patron gegen Halserkrankungen – wohl weil er der Legende nach in seiner Heimat Armenien, wo er als Bischof wirkte, einem Buben durch sein Gebet das Leben rettete, der eine Fischgräte verschluckt hatte. Bekannt ist der kirchliche Blasiussegen vor eben diesen Krankheiten, der über zwei gekreuzten, brennenden Kerzen erteilt wird.

Wetterregel:
St. Blasius stößt dem Winter die Hörner ab.

Weisheit:
Soviel in dir Liebe wächst,
soviel wächst die Schönheit in dir.
Denn die Liebe ist die Schönheit der Seele.

(Augustinus)

Namenstage:
Blasius, Ansgar, Hadelin, Werburg, Berlind, Nona, Heridag, Nithard, Imad, Michael, Maria, Alois.

Die natürliche Hausapotheke:
Wer viel Gurkensaft trinkt, erhält einen reinen Teint.

4. Februar

Altem Volksglauben nach entfalten in jedem Monat bestimmte Edelsteine ihre positive Wirkung. Der besondere Stein für Februar ist der Amethyst.

Wetterregel:
Wenn im Februar die Mücken geigen,
müssen sie im Märzen schweigen.

Weisheit:
Mensch, willst du, daß die Tränen dir versiegen,
und es heiter werde in deinem Gemüt,
so mußt du deine Augen nicht an den Schoß der Erde drücken, du mußt sie aufwärts kehren.

(Jeremias Gotthelf)

Namenstage:
Rabanus Maurus, Veronika, Gilbert, Christian, Johanna.

Die natürliche Hausapotheke:
Wer verhindern will, daß ein gequetschter Finger- oder Zehennagel blau wird oder sich gar ablöst, muß ihn sofort in kaltes Wasser tauchen.

5. Februar

Wetterregel:
St. Agatha, die Gottesbraut,
macht, daß Schnee und Eis gern taut.

Weisheit:
Es ist das Herz, das gibt. Die Hände geben nur her.
(Aus Zaire)

Namenstage:
Agatha, Ingenuin, Albuin, Adelheid, Erlebold, Elisabeth, Paul, Modestus von Kärnten.

Die natürliche Hausapotheke:
Einen nicht alltäglichen Tip hat Großmutter gegen Venenentzündungen bereit: Kochen Sie je 100 Gramm Wabenhonig, Zwiebeln und Schweinefett sowie eine zerkleinerte Zitrone etwa eine Viertelstunde lang und legen Sie die Mischung über Nacht auf die schmerzende Stelle – so heiß, wie Sie es vertragen.

6. Februar

Im Februar fallen die »verworfenen Tage« auf den 3., 6., 8. und 16. (Näheres zu diesem Thema siehe unter 2. Januar.)

Wetterregel:
St. Dorothe gibt den meisten Schnee.

Weisheit:
Der Zufall bevorzugt den verbreiteten Geist.

(Louis Pasteur)

Namenstage:
Paul, Dorothea, Amandus, Vedast, Hildegund von Meer, Alderich, Reinhild.

Die natürliche Hausapotheke:
Dreimal täglich ein Eßlöffel Honig – das wirkt nach Großmutters Meinung oftmals Wunder: als Stärkung für Herz und Nerven, zur Reinigung der Haut und für eine bessere Verdauung.

7. Februar

Das sagt der Hundertjährige Kalender: Wenn die Milchstraße nachts deutlich zu sehen ist, können Sie auf gutes Wetter hoffen.

Wetterregel:
Im Februar zuviel Sonne am Baum
läßt dem Obst keinen Raum

Weisheit:
Es gibt Dinge, die nicht bestraft werden und dem Menschen doch das Kostbarste stehlen: die Zeit!

(Napoleon I.)

Namenstage:
Richard, Ava, Nivard.

Die natürliche Hausapotheke:
Haben sie sich den Stachel eines Kaktus eingezogen, sollten Sie diesen mit Tesafilm oder einem Heftpflaster überkleben und ruckartig abziehen. Der Stachel bleibt daran hängen.

8. Februar

Wetterregel:
Hornung (alter Name für Februar) hell und klar
gibt ein gutes Frühjahr.

Weisheit:
Das wird kein ganzer Kerl, der nie ein Rüpel war.

(Otto Julius Bierbaum)

Namenstage:
Hieronymus, Milada, Philipp, Johann von Matha.

Die natürliche Hausapotheke:
Wer unter fettiger Haut leidet, kann es mit einer Haferflockenmaske aus Großmutters Rezeptschrank versuchen: Lassen Sie zwei Eßlöffel Haferflocken in vier Eßlöffel Milch aufquellen und verteilen Sie diesen Brei auf Ihrem Gesicht. Wenn Sie diese Maske regelmäßig zwanzig Minuten anwenden, wird Ihre Haut wieder sanft und zart.

9. Februar

Wetterregel:
Ist's an Apollinia feucht,
der Winter sehr spät entfleucht.

Weisheit:
Nicht wir geben den Gedanken Audienz, sondern die Gedanken geben uns Audienz. (Friedrich Nietzsche)

Namenstage:
Alto, Apollina, Lambert, Gottschalk, Julian, Anna Katharina, Cyrill von Alexandrien.

Die natürliche Hausapotheke:
Wer über hohen Blutdruck klagt, sollte es einmal mit einer Reiskur probieren.

10. Februar

Wetterregel:
Spielen die Mücken im Februar,
friern Schafe und Bienen das ganze Jahr.

Weisheit:
Wer glaubt, daß er auf alle Welt verzichten könnte, täuscht sich. Aber wer glaubt, daß man auf ihn verzichten könnte, täuscht sich noch viel mehr.

(François La Rochefoucauld)

Namenstage:
Scholastika, Brun von Minden, Wilhelm.

Die natürliche Hausapotheke:
Quark mit Schnittlauch ist gut zur Reinigung des Blutes.

11. Februar

Mariä Erscheinung in Lourdes

Wetterregel:
Februar hat seine Mucken,
baut von Eis oft feste Brucken.

Weisheit:
Man muß nicht das Gescheitere tun, sondern das Bessere.
(Jakob Boßhart)

Namenstage:
Theobert, Anselm, Theodor, Gregor II., Benedikt.

Die natürliche Hausapotheke:
Buttermilch ist ein bewährtes Hausmittel gegen rauhe Haut. Haben Sie die betroffenen Hautstellen damit eingerieben, sollten Sie noch etwas Hirschtalg drüberschmieren, den Sie als Stift in der Apotheke bekommen. Nach wenigen Wochen ist die Haut dann wieder sanft und glatt.

12. Februar

Wetterregel:
St. Eulalia Sonnenschein
bringt viel Obst und guten Wein.

Weisheit:
Unsere Gegner sind Lehrer, die uns nichts kosten.
(Ferdinand de Lesseps)

Namenstage:
Gregor II., Benedikt, Ludan, Helmward, Antonius, Reginald.

Die natürliche Hausapotheke:
Ein altes Hausmittel bei Fieber und Erkältung ist Brombeersaft. Er hilft auch gegen zuviel Magensäure und bei Sodbrennen.

13. Februar

Wetterregel:
Läßt der Februar Wasser fallen,
so läßt's der März gefrieren.

Weisheit:
Dein Ja sei lang bedacht, doch heilig.
Dein Nein sprich mild, doch nicht zu eilig.
So wird das Ja den Freund erfreuen.
Das Nein dich selber niemals reuen. (Anastasius Grün)

Namenstage:
Kastor, Reinhild, Wiho, Gosbert, Adolf, Ekkehard, Ermenhild, Gisela, Aleidis, Jordan.

Die natürliche Hausapotheke:
Pflegen Sie Ihr Haar auf natürliche Weise: Verrühren Sie ein rohes Ei mit zwei Eßlöffel Bier und massieren Sie diese Mischung kräftig ins Haar ein. Nach einer Viertelstunde sollten Sie Ihr Haar gut spülen, dann ist es wieder kräftig und schön.

14. Februar

Heute ist Valentinstag, der »Tag der Liebenden«. Der Brauch, Blumen zu schenken, hat seinen Ursprung in den angelsächsischen Ländern als »Valentine greetings«. Er hat jedoch im Grunde genommen nichts mit dem heiligen Valentin zu tun, einem viel verehrten Heiligen und Pestpatron mit schwierig auszumachender Herkunft. Sein Kult geht bis ins Rom des 5. Jahrhundert zurück und seine Reliquien befinden sich in der Wormser Liebfrauenkirche und in Kiedrich im Rheingau.

Wetterregel:
An Sankt Valentein
friert's Rad mitsamt der Mühle ein.

Weisheit:
Eigentlich bin ich froh, daß ich meinen Ring verlorn hab. Wie leicht hätt's sein können, daß er mir amal gstohln wordn wär. (Karl Valentin, Der verlorene Brillantring)

Namenstage:
Cyrillus, Methodius, Valentin.

Die natürliche Hausapotheke:
Einen Tip gegen Beulen: Wenn sie die Stelle, an der Sie sich angestoßen haben, schnell mit Tafelöl betupfen, können Sie den Schmerz lindern, weil die Beule nicht spannt.

15. Februar

Das sagt der Hundertjährige Kalender: Zeigen Sonne und Mond farbige Ringe von kleinem Durchmesser, steht oft Regen bevor.

Wetterregel:
Februar mit Frost und Wind
macht die Ostertage lind.

Weisheit:
Deine Würden darfst du vergessen. Deine Würde nie.
(Fliegende Blätter)

Namenstage:
Prikt, Amarin, Elid, Sigfried, Drutmar.

Die natürliche Hausapotheke:
Eine stark reinigende Wirkung wird Hagebuttentee zugeschrieben. Er bewährt sich vor allem bei Blasen- und Nierenleiden.

16. Februar

Wetterregel:
Wenn's im Februar nicht schneit,
schneit es in der Osterzeit.

Weisheit:
Das schlimmste unter den wilden Tieren ist der Tyrann, unter den zahmen der Schmeichler. (Plutarch)

Namenstage:
Juliana, Pamphilus, Philippa.

Die natürliche Hausapotheke:
Oftmals ist ein roher, geriebener Apfel ein probates Mittel bei Durchfall.

17. Februar

Wetterregel:
Heftige Nordwinde im Februar
vermelden ein gar fruchtbar Jahr.
Wenn der Nordwind im Hornung aber nicht will,
dann kommt er sicher im April.

Weisheit:
Viele Menschen erkaufen sich die Hölle mit so großer und schwerer Arbeit, daß sie sich mit der Hälfte derselben den Himmel hätten erkaufen können.

(Thomas Morus)

Namenstage:
Bonosus, Evermod, Benignus, Mazelin.

Die natürliche Hausapotheke:
Wer jetzt in der Kälte zu lange draußen ist, der kann am eigenen Leib ganz unangenehme Frosteinwirkungen verspüren. Diese beheben Sie am besten durch Wechselbäder.

18. Februar

Wetterregel:
Wenn's im Februar regnerisch ist,
hilft's so viel wie guter Mist.

Weisheit:
Es gibt zwei Klassen von Menschen,
die Gerechten und die Ungerechten.
Die Einteilung wird von den Gerechten gemacht.
(Blaise Pascal)

Namenstage:
Simon, Konstantia, Angelikus.

Die natürliche Hausapotheke:
Eine eitrige Hautentzündung läßt sich bekämpfen, indem Sie die Stelle mit Magerquark bestreichen. Ist der Quark nach einiger Zeit trocken geworden, binden Sie einfach ein Tuch darüber.

19. Februar

Das sagt der Hundertjährige Kalender: Wenn der Himmel tiefblaß aussieht, steht schlechtes Wetter bevor.

Wetterregel:
Im Februar müssen die Stürme fackeln,
daß den Ochsen die Hörner wackeln.

Weisheit:
Die Welt ist eine Pulverfabrik, in der das Rauchen nicht verboten ist. (Friedrich Dürrenmatt)

Namenstage:
Bonifatius, Irmgard, Hadwig.

Die natürliche Hausapotheke:
Um Mitesser auf der Nase zu vermeiden, sollten Sie die Nase morgens und abends mit einer Zahnbürste kräftig massieren, damit sie besser durchblutet wird.

20. Februar

Der Faschingsdienstag ist Höhe- und Schlußpunkt des närrischen Treibens. Das Wort Karneval kommt vermutlich vom lateinischen »Carne vale!« gleich: Fleisch, lebe wohl!, was bereits auf den Beginn der Fastenzeit hindeutet.

Wetterregel:
Hätte der Februar Januars Gewalt,
ließ er erfrieren jung und alt.

Weisheit:
Besser ein weiser Tor als ein törichter Weiser.
(William Shakespeare, Narr)

Namenstage:
Eucherius, Korona, Eleutherius, Falko, Amata, Jordan.

Die natürliche Hausapotheke:
Ein Teelöffel Zucker auf der Zunge zergehen lassen – das ist ein altes Geheimrezept gegen Schluckauf.

21. Februar

Am Aschermittwoch beginnt die vierzigtägige Fastenzeit. Um Mitternacht endet das fröhliche Treiben. Hochzeiten, Tanz und Vergnügen sind nach den ursprünglichen Geboten bis Ostern verboten. Papst Gregor I. (590–604) hat diesen Tag eingeführt, nachdem das verrückte Faschingstreiben immer ausschweifender wurde. In manchen Gegenden gibt es den Brauch des »Geldbeutelwaschens«, womit symbolisch die Befreiung von irdischen Gütern ausgedrückt werden soll.

Wetterregel:
Februar mit Schnee und Regen
deutet an den Gottessegen.

Weisheit:
Wer stark, gesund und jung bleiben und seine Lebenszeit verlängern will, der sei mäßig in allem, atme reine Luft, treibe tägliche Hautpflege und Körperübung, halte den Kopf kalt, die Füße warm, und heile ein kleines Weh eher durch Fasten als durch Arznei. (Hippokrates)

Namenstage:
Petrus Damiani, Germanus von Grandval, Randoald, Pippin, Leodegar, Gunthild.

Die natürliche Hausapotheke:
Gegen schlechten Atem helfen oft Spülungen mit abgekochtem Zinnkraut.

22. Februar

Petri Stuhlfeier in Antiochien

Wetterregel:
Wenn's friert auf Petri Stuhlfeier,
friert's noch vierzehnmal heuer.

Weisheit:
Viele Menschen gehen an ihren Liebhabereien zugrunde.
Deshalb bewache scharf deinen Zeitvertreib!

(Adolph Kolping)

Namenstage:
Isabella, Margareta, Johanna Maria, Petrus.

Die natürliche Hausapotheke:
Ein Schmierseifebad ist gut für die Reinigung der Haut. Zunächst sollten Sie etwas heißes Wasser in die Wanne laufen lassen und darin etwa ein Pfund Schmierseife schaumig rühren. Anschließend können Sie die Wanne vollaufen lassen.

23. Februar

40 Tage – die Dauer der Fastenzeit – sind in der Bibel des öfteren zu finden. Jesus fastete 40 Tage, Moses blieb 40 Tage auf dem Berge Sinai, die Wanderung des israelitischen Volkes durch die Wüste dauerte 40 Tage und auch die Sintflut hielt 40 Tage an. In jedem Fall steht diese Zahl für eine Zeit der Läuterung, der Vorbereitung, der Buße.

Wetterregel:
Ist der Februar trocken und kalt,
kommt im Frühjahr Hitze bald.

Weisheit:
Es gibt keine uninteressanten Dinge.
Es gibt nur uninteressante Leute. (G. K. Chesterton)

Namenstage:
Polykarp, Willigis, Romana, Otto.

Die natürliche Hausapotheke:
Die Ursache brüchiger Fingernägel ist in vielen Fällen ein Mangel an Vitamin B, das Sie vor allem in Milch, Fleisch (vor allem Leber), Vollkornprodukten, Käse und Eiern finden.

24. Februar

Alten Bauernregeln nach brach der Matthiastag die Kälte. Weil an diesem Tag nach ländlichem Glauben der Feldsamen besonders gesegnet sein sollte, säten Frauen an diesem Tag Krautsamen, nachdem sie den gefroren Boden aufgegraben hatten.

Wetterregel:
St. Matthias hab' ich lieb,
denn er gibt dem Baum den Trieb.

Weisheit:
Das Raubtier zeigt seine Natur, wenn es Blut, der Mensch, wenn er Geld sieht. (Fliegende Blätter)

Namenstage:
Matthias, Eunike, Ethelbert, Ida, Irmengard.

Die natürliche Hausapotheke:
Ein wunder Babypo heilt am schnellsten, wenn Sie ihn mit Johannisöl betupfen, das die wunden Stellen rasch trocknet.

25. Februar

Wetterregel:
Spielen die Mücken im Februar,
friert die Biene das ganze Jahr.

Weisheit:
Wer sich nach der Decke streckt, dem bleiben die Füße unbedeckt. (Volksmund)

Namenstage:
Walburg, Adelhelm von Engelberg.

Die natürliche Hausapotheke:
Schuppenflechte ist leider nach wie vor nicht heilbar. Doch die tägliche Einnahme von fünf bis zehn Bio-Bierhefetabletten verschafft oftmals Linderung. Es gibt sie in der Diätabteilung von Kaufhäusern oder im Reformhaus.

26. Februar

Jetzt beginnt der Seidelbast zu blühen. Wenn die untersten Blüten früh entwickelt sind, gehen die Bauern davon aus, daß erst spät gesät werden kann. Wenn aber die Knospen zuerst blühen, die an den Zweigspitzen sitzen, kann die Saat früher ausgebracht werden.

Wetterregel:
Kalter Februar – gutes Roggenjahr.

Weisheit:
Wer ein Laster liebt, der liebt die Laster alle.
(Christian Fürchtegott Gellert)

Namenstage:
Dionysius, Adalbert, Otgar, Mechthild, Ulrich.

Die natürliche Hausapotheke:
Sie stärken Ihre Sehkraft, erfrischen und versorgen Ihren Körper mit Vitaminen, wenn Sie Tomaten ohne Salz essen.

27. Februar

Ein Baum, der in den letzten drei Tagen des Februars bei abnehmendem Mond geschlagen wird, bekommt keine Wurzelschößlinge und verfaulte Wurzeln, sagt eine alte Bauernregel.

Wetterregel:
Februartau bringt Nachtfrost im Mai.

Weisheit:
Mensch, geh nur in dich selbst! Denn nach dem Stein der Weisen darf man nicht zuallererst in fremde Lande reisen. (Angelius Silesius)

Namenstag:
Markward.

Die natürliche Hausapotheke:
Es kommt immer mal wieder vor, daß man eine Fischgräte verschluckt. Dagegen gibt Großmutters Hausapotheke folgenden Rat: Schlucken Sie etwas Essig, der die Gräte entfernt oder zumindest biegsam macht. Auch rohes Sauerkraut, so wenig wie möglich gekaut, ist ein sicheres Mittel. Als Drittes empfiehlt sich trockenes, ungekautes Brot.

28. Februar

Und so heißt der Februar in anderen Sprachen: Deutsch des 15. Jahrhunderts: Hornung; Französisch: Février; Lateinisch: Februarius; Altdeutsch: Hornung; Englisch: February; Italienisch: Febbraio; Jüdisch: Adar; Arabisch: Safar.

Wetterregel:
Februar warm – Frühling kalt.
St. Roman hell und klar,
bedeutet ein gutes Jahr.

Weisheit:
Ungleich verteilt sind des Lebens Güter unter den Menschen flüchtgem Geschlecht;
aber die Natur, sie ist ewig gerecht. (Friedrich Schiller)

Namenstage:
Romanus, Lupizinus, Silvana, Sirin, Theodulf, Elisabeth.

Die natürliche Hausapotheke:
Zwiebelschmalz, weiß Großmutters Schatzkästlein, ist ein hilfreiches Mittel gegen Erkältung. Dazu werden Zwiebelringe in Schweineschmalz goldbraun geröstet. Mit diesem Fett wird ein möglichst heißer Umschlag über Nacht auf Brust und Rücken gemacht. Überdies sollten Sie weißen Rettich und Kandiszucker essen.

29. Februar

Ein durchschnittliches Jahr hat genau 365,2425 Tage. Der 29. Februar wurde 1582 von Papst Gregor XIII. als Schalttag eingeführt, der in der Regel nur in den Jahren vorkommt, deren beide letzten Ziffern durch vier teilbar sind. Ausnahmen ohne Schalttag: die »runden« Jahre, die nicht durch 400 teilbar sind (1900, 2100, 2200 usw.) Das Jahr 2000 ist demnach ein Schaltjahr.

Wetterregel:
Liegt im Februar die Katz im Freien,
wird sie im März vor Kälte schreien.

Weisheit:
Einer der sichersten Wege, seine Freiheit zu vergrößern, ist, seine Wünsche zu verkleinern. (Peter Horton)

Namenstage:
(wenn kein Schaltjahr, am 28. Februar): Oswald, August.

Die natürliche Hausapotheke:
Eine alte Gesundheitsregel besagt, daß sich ein durch lange Krankheit geschwächter Körper schneller wieder erholt, wenn ihm das Pulver von Habichtskraut zugeführt wird – etwa in einem zerschlagenen Ei, oder in Wein, Suppe oder Milch gesotten.

März

Fasten- und Josephimonat

1. März

Wetterregel:
Läßt der März sich trocken an,
bringt er Brot für jedermann.

Weisheit:
Leben wir allein für dieses Leben,
so sind wir die elendsten aller erschaffenen Wesen.
(Alexander von Humboldt)

Namenstage:
Albin, David von Menevia, Roger, Swidbert.

Die natürliche Hausapotheke:
Bei Rheuma, weiß Großmutter, sollten Sie Kastanien aufkochen, sie durch ein Sieb gießen und mit dem Sud die schmerzenden Stellen einreiben.

2. März

Altem Volksglauben nach entfalten in jedem Monat bestimmte Edelsteine ihre positive Wirkung. Der besondere Stein für März ist der Japsis.

Wetterregel:
Ein grüner März bringt selten etwas Gutes.

Weisheit:
Ein Gott ist der Mensch, wenn er träumt,
ein Bettler, wenn er nachdenkt!
(Johann Christian Friedrich Hölderlin)

Namenstage:
Karl der Gute, Agnes.

Die natürliche Hausapotheke:
Ein altes Rezept für schönere Haut ist die Apfelmaske. Dazu müssen Sie zwei Äpfel fein reiben, mit ein paar Spritzern Zitronensaft vermischen und auf Ihr Gesicht auftragen. Nach etwa sieben Minuten können Sie die Maske wieder abwaschen.

3. März

Das sagt der Hundertjährige Kalender: Wenn die Mondscheibe auch bei Neumond gut zu erkennen ist, muß mit schlechtem Wetter gerechnet werden.

Wetterregel:
Kunigund macht warm von unt.

Weisheit:
Wer den Acker pflegt, den pflegt der Acker.
(Volksmund)

Namenstage:
Kunigunde, Islav, Friedrich, Liberat, Tobias.

Die natürliche Hausapotheke:
Sie erhalten goldblondes Haar, wenn Sie es mit Kamillentee waschen, dem etwas Borax beigegeben wurde.

4. März

Wetterregel:
Donnert's im März,
so schneit's im Mai.

Weisheit:
Wenn es regnet, bleibt kein Dach trocken.
Wenn die Sonne scheint, scheint sie für alle.
(Aus Kamerun)

Namenstage:
Kasimir, Walburg, Rupert, Humbert, Basin.

Die natürliche Hausapotheke:
Kleine Narben können beseitigt werden, indem Sie sie mit Bimssteinseife abrubbeln.

5. März

Wetterregel:
Trockener März füllt den Keller.

Weisheit:
Die Menschen der alten Zeit sind auch die der neuen. Aber die Menschen von gestern sind nicht die von heute. (Marie von Ebner-Eschenbach)

Namenstage:
Oliva, Dietmar.

Die natürliche Hausapotheke:
Es kommt schon mal vor, daß man sich den Mund verbrennt – was hier nicht bildlich gemeint ist. In diesem Fall sollten Sie einen Löffel Honig langsam im Mund zergehen lassen. Das lindert den Schmerz.

6. März

Wetterregel:
Soviel der März an Nebeln macht,
sooft im Juni Donner kracht.

Ein feuchter März
ist des Bauern Schmerz.

Weisheit:
Wie schade, daß sowenig Raum ist zwischen der Zeit, wo man zu jung, und der, wo man zu alt ist. (Montesquieu)

Namenstage:
Fridolin, Quiriakus, Chrodegang, Kunissa von Dießen, Mechthild, Coleta, Franziska.

Die natürliche Hausapotheke:
Eine alte Volksweisheit besagt, daß Sie hartnäckigen Entzündungen am besten mit Ringelblumensalbe beikommen. Das gilt besonders, wenn die Entzündung eitert.

7. März

Wetterregel:
Schnee, der nun im Märzen weht,
abends kommt und geht.

Weisheit:
Die Offenbarung Gottes zeigt uns mehr, was er nicht ist, als was er ist. (Thomas von Aquin)

Namenstage:
Perpetua, Felizitas, Johannes, Willeich, Volker, Reinhard, Thomas von Aquin (Todestag).

Die natürliche Hausapotheke:
So bekämpfen Sie einen Furunkel: Die entsprechende Stelle immer wieder mit Salzwasserlösung betupfen, woraufhin die Spannung nachläßt und das Geschwür abheilt.

8. März

Wetterregel:
Märzenregen bringt keinen Segen.

Weisheit:
Lernen, ohne zu denken, ist eitel.
Denken, ohne zu lernen, gefährlich. (Konfuzius)

Namenstage:
Johann von Gott, Eddo, Michael.

Die natürliche Hausapotheke:
Eine Wohltat für Leib und Seele ist ein wöchentliches Saunabad. Es entschlackt den Körper, wirkt jedoch nicht entfettend. Körperliche und geistige Leistungsfähigkeit werden gesteigert. Die Sauna hilft vor allem bei Grippe, Kreislaufstörungen, Rheuma, Stoffwechselkrankheiten, Drüsen-, Nerven- und Frauenleiden.

9. März

Wetterregel:
Märzengrün soll man mit Holzschlägeln
wieder in den Boden schlagen.

Weisheit:
Es ist leichter, eine Lüge zu glauben, die man hundertmal gehört hat, als eine Wahrheit, die man noch nie gehört hat. (Robert Lynd)

Namenstage:
Franziska von Rom, Brun von Querfurt, Dominikus, Barbara.

Die natürliche Hausapotheke:
Wenn Pickel mit Zitronensaft betupft werden, heilen Sie schneller ab.

10. März

Heute ist der Tag der »heiligen vierzig Märtyrer«. Es ist überliefert, daß an diesem Tag im Jahre 320 in Sebaste 40 Soldaten der 12. römischen Legion erfroren sind, die als Christen verfolgt wurden.

Wetterregel:
Vierzig Ritter mit Eis und Schnee,
tun dem Ofen noch vierzig Tage weh.

Wie es an vierzig Rittern wittert,
wittert es noch vierzig Tage.

Weisheit:
Mit Mühen und Beschwerden wird man allein fertig.
Aber die Freude muß man teilen. (Henrik Ibsen)

Namenstage:
Attala, Ämilian, Gustav, John, 40 Märtyrer.

Die natürliche Hausapotheke:
Gegen Halsschmerzen hilft Zähneputzen mit Natron. Das restliche Natron nicht wegkippen, sondern ohne zu spülen hinunterschlucken.

11. März

Das sagt der Hundertjährige Kalender: Wenn auf ein Morgenrot ein schmutziggelbes Abendrot folgt, müssen Sie mit Regen rechnen.

Wetterregel:
Bringt Rosamunde Sturm und Wind,
so ist Sybilla (29. April) uns gelind.

Weisheit:
Tue nichts im Leben, was dich beschämt, wenn es dein Nachbar bemerken würde. (Epikur)

Namenstage:
Rosine, Alram, Ulrich, Heinrich, Rosamunde.

Die natürliche Hausapotheke:
Gegen Müdigkeit und Erschöpfung hilft in vielen Fällen das Einreiben Ihrer Schläfen mit Franzbranntwein.

12. März

Gregoriustag. Bevor der gregorianische Kalender eingeführt wurde, war am Gregoriustag Tagundnachtgleiche.

Wetterregel:
Gregor zeigt dem Bauern an,
daß im Feld er säen kann.

Weisheit:
Oft verbirgt sich der Geiz unter dem Namen der Sparsamkeit, die Verschwendung unter dem Namen der Freigebigkeit. (Gregor der Große)

Namenstage:
Almud, Beatrix, Innozenz I., Gregor der Große.

Die natürliche Hausapotheke:
Apfelsaft macht munter und stärkt den Stoffwechsel.

13. März

Im März fallen die »verworfenen Tage« auf den 13., 14., 15. und 29. (Näheres siehe 2. Januar.)

Wetterregel:
Märzenblüte ist ohne Güte.

Weisheit:
Gibt man ungebetenen Rat, er könnte, wenn befolgt, mißglücken. Und dir legt man die Schuld der Tat als schwere Last dann auf den Rücken.

(Friedrich Bodenstedt)

Namenstage:
Paulina, Leander, Answin, Judith, Sancha.

Die natürliche Hausapotheke:
Wer abends nicht einschlafen kann, sollte es mit einer Tasse Honigmilch versuchen, die er vor dem Zubettgehen trinkt. Auch einige in Milch gekochte Zwiebeln verhelfen oft zu einem heilsamen Schlaf.

14. März

Wetterregel:

Was der März nicht will,
holt sich der April.
Was der April nicht mag,
steckt der Mai in den Sack.

Weisheit:

Mit wem man nichts gemein hat, mit dem ist gut Frieden halten. (Anselm Feuerbach)

Namenstage:

Mathilde, Einhard, Konrad, Gottfried, Paulina.

Die natürliche Hausapotheke:

Es ist verkehrt, während der Mahlzeiten zu häufig zu trinken! Dadurch wird die Verdauung ungünstig beeinflußt.

15. März

Wetterregel:
Märzenschnee und Jungfernpracht
dauern oft kaum über Nacht.

Auf Märzenregen
folgt kein Sommersegen.

Weisheit:
Oft ist dir der ein Bruder, den deine Mutter nicht geboren. (Volksmund)

Namenstage:
Klemens Maria Hofbauer, Zacharias, Diedo, Luise, Pius.

Die natürliche Hausapotheke:
Juckreiz zwischen den Zehen verschwindet durch das Abreiben der Füße mit Kräuteressig. Manchmal werden Sie auf diese Weise sogar lästigen Fußpilz los.

16. März

Wetterregel:
Trockener März füllt den Keller.

Weisheit:
Wir lieben immer die Menschen, die uns bewundern, aber nicht immer die, welche wir bewundern.
(François La Rochefoucauld)

Namenstage:
Gummar, Heribert von Köln, Jean.

Die natürliche Hausapotheke:
Wenn Sie morgens ein Glas Oliventee trinken, beugen Sie Gallensteinen vor oder sorgen sogar dafür, daß diese schmerzlos abgeführt werden.

17. März

Die heilige Gertrud ist eine bekannte Frühjahrsbotin. So wurden früher an diesem Tag die Bienenstöcke wieder aufgestellt, und man war der Auffassung, daß in der Gertrudsnacht die Hühner die besten Eier legten. Ferner gilt Gertrud als Schutzheilige der Herbergen.

Wetterregel:
Sonniger Gertrudentag
Freud' dem Bauern bringen mag.

Weisheit:
Der Gottheit zu gehorchen ist Freiheit. (Seneca)

Namenstage:
Gertrud, Patrick, Johannes, Diemut, Konrad von Bayern.

Die natürliche Hausapotheke:
Um Ihre Nerven zu stärken, können Sie sich einen ganz speziellen hausgemachten Saft brauen: Ein Einmachglas wird mit zwei rohen Eiern und frisch gepreßtem Zitronensaft gefüllt. Nach einigen Wochen haben sich die Eierschalen aufgelöst. Verrühren Sie den so gewonnenen Inhalt des Glases und stärken Sie sich löffelweise mit diesem Brei.

18. März

In der Fastenzeit aß das gewöhnliche Volk früher nur Brot, Brezeln oder Suppe. Teilweise wurde das Fasten sogar noch verschärft. So ist aus dem Chiemgau aufgezeichnet, daß etwa um den morgigen Josephstag herum ein Festtagsschmaus gekocht wurde, den man jedoch nicht selbst verzehren durfte, sondern der den Armen geschenkt wurde. Im Mittelalter soll es übrigens bis zu 200 Fasttage gegeben haben.

Wetterregel:
Soviel Tau im März,
soviel Frost im Mai.

Weisheit:
Beginne an keinem Tag deine Arbeit,
ehe du einem Menschen ein gutes Wort gesagt hast.

(Ludwig Köhler)

Namenstage:
Cyrill von Jerusalem, Eduard.

Die natürliche Hausapotheke:
Weidenrindentee ist ein beliebtes Hausmittel. Er lindert Schmerzen, wirkt entwässernd, schweißtreibend und hilft gegen Blasenentzündungen. Allerdings sollten Sie nicht mehr als zwei Tassen täglich trinken.

19. März

Josephstag

Über Joseph, den Zimmermann aus Nazaret und seit 1870 Patron der ganzen katholischen Kirche, ist relativ wenig bekannt. Nach Überzeugung der Historiker war Joseph, dessen Fest erst 1479 ins römische Brevier aufgenommen wurde, jedoch weit jünger, als er in der christlichen Kunst dargestellt wird. Alter Bauernauffassung nach soll mit dem Josephstag der Frühling Einzug halten und die Wärme spürbar werden.

Wetterregel:
Ist's am Josephstag klar, folgt ein fruchtbar Jahr.

Weisheit:
Die Abwesenden haben immer Unrecht. (Casanova)

Namenstage:
Joseph, Alkmund.

Die natürliche Hausapotheke:
Wer von einem plötzlichen Muskelkrampf ereilt wird, kann sich mit einem Eßlöffel Weizenkeimöl davon befreien.

20. März

Wetterregel:
Wenn's donnert in den März hinein,
wird der Roggen gut gedeihn.

Weisheit:
Die beste und sicherste Tarnung ist immer noch die nackte Wahrheit. Die glaubt niemand. (Max Frisch)

Namenstage:
Wolfram, Irmgard, Johannes.

Die natürliche Hausapotheke:
Wer keinen starken Kaffee verträgt, kann die Wirkung durch eine Prise Natron abmildern.

21. März

Wetterregel:
Willst du Gerste, Erbsen, Zwiebeln dick,
so säe an Sankt Benedikt.

Weisheit:
Es gibt Situationen im Menschenleben,
wo es weise ist, nicht allzu weise zu sein. (Euripides)

Namenstage:
Christian, Richeza, Absalon, Benedikt von Nursia, Nikolaus.

Die natürliche Hausapotheke:
Wer sich das Rauchen abgewöhnen will, sollte zur Unterstützung viele Äpfel essen. So jedenfalls sagt es die Volksweisheit.

22. März

Wetterregel:
Trockener März und nasser April
ist des Bauern Will.

Weisheit:
Was der Sonnenschein für die Blumen ist, das sind lachende Gesichter für die Menschen.
(Joseph Addison)

Namenstage:
Lea, Lukardis, Elko.

Die natürliche Hausapotheke:
Schmerzende Augen, sagt ein altes Rezept aus Großmutters Tagen, können besänftigt werden, indem Sie Lilienblätter auf die Lider legen.

23. März

Wetterregel:
Siehst du im März gelbe Blumen im Freien,
magst du getrost deinen Samen streuen.

Weisheit:
Wer die Welt verbessern will, der fange bei sich selber an. (Ignatius von Loyola)

Namenstage:
Toribio, Merbot, Rebekka, Otto.

Die natürliche Hausapotheke:
Wer bittere Medizin schlucken muß, tut sich leichter, wenn er vorher einen Eiswürfel im Mund zergehen läßt.

24. März

Das sagt der Hundertjährige Kalender: Wenn rosafarbige Wolken am Morgenhimmel hängen, können Sie auf gutes Wetter hoffen.

Wetterregel:
Ein Lot Märzenstaub ist einen Dukaten wert.

Weisheit:
Du hast einen schlimmen Tag gehabt. Sieh zu, daß dir nicht noch ein schlimmerer Abend kommt.

(Friedrich Nietzsche)

Namenstage:
Elias, Katharina, Erzengel Gabriel.

Die natürliche Hausapotheke:
Wer eine offene Wunde hat, muß vorsichtig beim Fischkauf oder -genuß sein. Denn Aalblut wirkt in diesem Falle giftig!

25. März

Mariä Verkündigung

Eines der ältesten Marienfeste, seit Mitte des 6. Jahrhunderts gefeiert, ist das heutige Fest »Verkündung des Herrn«, volkstümlich »Mariä Verkündigung« – neun Monate vor der Geburt Christi. An diesem Tag soll der Engel Gabriel Maria das Kommen des Erlösers angekündigt haben. Das Volk machte sich dieses Fest schnell als Frühlingsfest zu eigen, an dem – etwa in Altbayern – auch das Vieh gesegnet wurde. Besonders willkommen geheißen wurden die Schwalben: »An Mariä Verkündigung kommen die Schwalben wiederum.«

Wetterregel:
Ist Mariä schön und hell,
kommt viel Obst auf alle Fäll.
Schöner Verkündungsmorgen
befreit von vielen Sorgen.

Weisheit:
Der Held zeigt wohl seine Narben,
aber nur der Bettler seine Wunden. (Jean Paul)

Namenstage:
Annunziata (Verkündigung), Nuncia, Ancilla (die Magd des Herrn), Prokop, Jutta.

Die natürliche Hausapotheke:
Großmutters Geheimrezepte besagen, daß jemand, der Kopf- oder Ohrenschmerzen hat, den Kopf nicht auf ein mit Federn gefülltes Kissen legen sollte.

26. März

Wetterregel:
Gibt's im März viel Regen,
bringt die Ernte wenig Segen.

Weisheit:
Ergib dich nicht der Stimmung dessen, der dich beleidigt. Und folge nicht dem Weg, auf den er dich schleppen möchte. (Marc Aurel)

Namenstage:
Liudger, Kastulus, Larissa.

Die natürliche Hausapotheke:
Petersilie besitzt jede Menge an Vitamin A und C. Zwei Eßlöfel täglich decken den menschlichen Bedarf vollauf.

27. März

Wetterregel:
Märzengrün ist bald wieder hin.

Weisheit:
O großer Geist, hilf mir, nie über einen anderen Menschen zu urteilen, bevor ich nicht zwei Wochen lang in seinen Mokassins gelaufen bin.

(Der Siouxhäuptling E. L. Fox)

Namenstage:
Haimo, Frowin, Ensfrid, Rupert von Salzburg.

Die natürliche Hausapotheke:
Hoffentlich steht Ihre Hausapotheke nicht im Bad. Die dort vorhandene Luftfeuchtigkeit wirkt sich nämlich schädlich auf die Medikamente aus und verkürzt in vielen Fällen deren Lebensdauer.

28. März

Wetterregel:
Märzenstaub bringt Gras und Laub.

Weisheit:
Ein Charakter ist ein vollkommen gebildeter Wille.
(Novalis)

Namenstage:
Guntram, Gundelind, Wilhelm, Ingbert, Johann Kapistran.

Die natürliche Hausapotheke:
Gerade jetzt in der Übergangszeit vom Winter auf den Frühling frieren viele Leute im Bett. Mit einem Tip aus Großmutters Zeiten können Sie diesem Problem abhelfen, indem Sie eine Schicht Nesseln unter Ihr Leintuch legen.

29. März

Ab sofort bis Mitte Juni kann laufend Kohlrabi gepflanzt werden. Auf zehn Quadratmeter benötigen sie von den frühen Sorten 132 Pflanzen bei 30 Zentimeter Reihen- und 25 Zentimeter Pflanzenabstand. Bei späten Sorten tut es knapp die Hälfte bei etwas mehr Pflanzenabstand. Auch für Radieschen ist jetzt die richtige Zeit. Reihenabstand: 15 bis 20 Zentimeter, Pflanzenabstand fünf Zentimeter bei 20 Gramm pro zehn Quadratmeter.

Wetterregel:
Wenn Märzennebel hundert Tage vorüber sind,
kommt Regen und Gewitterwind.

Weisheit:
Christ, du bedarfst nicht viel zur ewgen Seligkeit; es hilft ein einzigs Kraut, das heißt Gelassenheit.

(Angelus Silesius)

Namenstage:
Ludolf von Ratzeburg, Gladys, Ragnachar, Helmstan (Helmut).

Die natürliche Hausapotheke:
Wer etwas für Herz und Leber tun will, sollte es einmal mit einem Waldmeistertee probieren.

30. März

Wetterregel:
Zu Anfang oder zu End
der März sein Gift versendt.

Weisheit:
Niemand hört dir gläubig zu, wenn du beginnst: »Ich bin klüger als du!« (Friedrich Rückert)

Namenstage:
Patto, Diemut, Dodo, Qurin.

Die natürliche Hausapotheke:
Gegen Grippe kann Großmutters Schwitzkur Wunder wirken. Voraussetzungen sind jedoch ein gesundes Herz und ein stabiler Kreislauf. Der Patient wird zunächst in ein Bettlaken eingewickelt, das zuvor in heißes Wasser getaucht und danach ausgewrungen wurde. Über das Laken kommt eine heiße Wolldecke und darauf ein dikkes Federbett. Schließlich muß der Kranke reichlich Flieder- und Lindenblütentee trinken, bis er zu schwitzen anfängt. Diese Prozedur sollte, je nach Zustand des Patienten, eine halbe bis eine Stunde andauern, wobei er ständig beobachtet werden muß.

31. März

Und so heißt der März in anderen Sprachen: Deutsch des 15. Jahrhunderts: Merz; Französisch: Mars; Lateinisch: Martius; Altdeutsch: Lenzing; Englisch: March; Italienisch: Marzo; Jüdisch: Nisan; Arabisch: Rebi I.

Wetterregel:
Der März soll wie ein Wolf kommen
und wie ein Lamm gehen.

Weisheit:
Sage mir, mit wem du umgehst, so sage ich dir, wer du bist. Weiß ich, womit du dich beschäftigst, so weiß ich, was aus dir werden kann.

(Johann Wolfgang von Goethe)

Namenstage:
Kornelia, Benjamin, Goswin, Lambert, Heinrich, Klemens, Guido.

Die natürliche Hausapotheke:
Gegen Flechten und Hautausschlag hilft in vielen Fällen das Auflegen von Himbeerblättern.

April

Ostermonat

1. April

Seit Mitte des 17. Jahrhunderts werden die Leute bei uns an diesem Tag »in den April geschickt«, vermutlich in Anlehnung auf das im alten Rom an diesem Tag abgehaltene Narrenfest. Da an diesem Tag angeblich Judas geboren wurde und auch Luzifer in die Hölle geschickt worden sein soll, wird dem 1. April vom Volksglauben her eine negative Bedeutung beigemessen.

Wetterregel:
Säen am 1. April
verdirbt den Bauern mit Stumpf und Stiel.

Weisheit:
Es sind nicht alles Narren, die in den April geschickt werden. (Volksmund)

Namenstage:
Irene, Agape, Chionia, Hugo von Grenoble, Cäsarius.

Die natürliche Hausapotheke:
Halsschmerzen verschwinden, wenn Sie heißes Bier trinken und dann schnell zu Bett gehen.

2. April

Am Palmsonntag gedenkt die Kirche des Einzuges Jesu in Jerusalem. Vielerorts werden Palmprozessionen durchgeführt, die die Kirche seit dem 8. Jahrhundert kennt. Die dabei geweihten Zweige erhalten in Haus und Hof einen besonderen Platz. Sie galten als Abwehrmittel gegen Ungeziefer.

Wetterregel:
Bald trüb und rauh, bald licht und mild,
ist der April des Menschen Ebenbild.

Weisheit:
Abwechslung ergötzt (Variatio delectat). (Euripides)

Namenstage:
Franz von Paula, Maria von Ägypten, Eustasius, Thetwif, Sandrina.

Die natürliche Hausapotheke:
Wenn Sie sich glänzenderes Haar wünschen, sollten Sie es mit einem Becher Milch waschen, einreiben, eine Viertelstunde einwirken lassen und dann mit lauwarmem Wasser ausspülen.

3. April

Jetzt können Sie Blatt- und Wurzelpetersilie ins Freie säen. Pro Quadratmeter brauchen Sie etwa vier bis fünf Gramm, wobei der Reihenabstand bei Blattpetersilie zehn bis 20, bei Wurzelpetersilie 25 bis 35 Zentimeter betragen soll.

Wetterregel:
Wer an Christian säet Lein,
bringt schönen Flachs in seinen Schrein.

Weisheit:
Kein größerer Schmerz ist denkbar, als sich erinnern an die Zeit des Glückes im Unglück. (Dante)

Namenstage:
Liudbirg, Thiento, Richard von Chichester, Elisabeth, Christian.

Die natürliche Hausapotheke:
Saures Aufstoßen ist störend und unangenehm. Sie können sich dagegen behelfen, indem Sie eine kleine Messerspitze Lindenkohle mit einem Eßlöffel Wasser verühren und zweimal täglich einnehmen.

4. April

Der heilige Isidor galt einst als bedeutender Bauernheiliger. Dem im 7. Jahrhundert lebenden Erzbischof von Sevilla wurde sogar in vielen Teilen des Landes eine eigene Prozession gewidmet, bei der die Legende dargestellt wurde, wie Pflug- und Ochsengespannn des Heiligen von Engeln über den Acker gezogen wurden. Er selbst hatte seine Arbeit vergessen, da er sich ganz dem Gebet hingab.

Wetterregel:
Ist der April schön und rein,
wird der Mai um so wilder sein.

Weisheit:
Des Bauern Arbeit ist am fröhlichsten und voller Hoffnung. (Martin Luther, Tischreden)

Namenstage:
Isidor von Sevilla, Konrad, Heinrich, Ambrosius.

Die natürliche Hausapotheke:
Wenn Sie eine große Anstrengung hinter sich haben, macht oft ein heißes Salzbad wieder fit. Dazu werden zwei Kilogramm Speisesalz im Wasser aufgelöst. Wenn möglich, sollten Sie sich hinterher gleich ins Bett legen und kräftig schwitzen. Das entschlackt und befreit den Körper von Harnsäure.

5. April

In der Karwoche ist es in manchen Gegenden noch heute üblich, mit hölzernen Musik- und Lärminstrumenten zum Gottesdienst einzuladen. Vermutlich stammt dieser Brauch noch aus einer Zeit, als es keine Glocken gab.

Wetterregel:
Ist St. Vinzenz Sonnenschein,
gibt es vielen guten Wein.

Weisheit:
Die Wurzeln erzählen den Zweigen nicht,
was sie von ihnen halten. (Aus Zaire)

Namenstage:
Vinzenz, Kreszentia, Juliana.

Die natürliche Hausapotheke:
Wer magenkrank ist, sollte Sauer- und Weinkraut als Schonkost zu sich nehmen. Rohes Sauerkraut ist auch bei schlechter Verdauung heilsam, es belebt und stärkt die Blutbildung.

6. April

Am Gründonnerstag war es auf dem Lande üblich, eine Feldsalatsuppe zu essen, die mit neun Kräutern angereichert war. In katholischen Gemeinden ist die Ölbergstunde ein gepflegter Brauch – eine nächtliche Gebetswache in Erinnerung an den Gebetskampf Jesu auf dem Berge Getsemani, den Verrat durch Judas und die Gefangennahme des Herrn.

Wetterregel:
Donner im April
viel Gutes künden will.

Weisheit:
Nichts in der Welt kann den Menschen sonst unglücklich machen, als bloß und allein die Furcht. Das Übel, was uns betrifft, ist selten oder nie so schlimm als das, welches wir befürchten. (Friedrich Schiller)

Namenstage:
Wilhelm von Aebelholt, Petrus, Methodius, Notker.

Die natürliche Hausapotheke:
Reines Birkenwasser ist ein altes Hausmittel gegen zu dünnes Haar. Jetzt im Frühjahr ist die beste Zeit, es selbst herzustellen. Kochen Sie einen Birkenast aus und sammeln Sie das Wasser in einer Flasche. Mit diesem Wasser wird die Kopfhaut gut einmassiert. Lassen Sie lange einwirken. Nachwachsendes Haar soll dabei stärker werden.

7. April

Der Karfreitag ist der Todestag des Herrn. Er galt im Bauernjahr als Tag des Getreidesäens. Auch viele alte Volksbräuche sind für diesen Tag überliefert. So schlugen die Bauern drei Nägel in das Holz der Stalltür, um das Vieh vor Seuchen zu schützen. Ferner hob man die an diesem Tag gelegten Eier auf, da sie Haus und Hof vor Gewitter bewahren sollten. Auch Brot und Wasser sind heute besonders heilkräftig. Zum karfreitäglichen Volksglauben zählt ferner: Wer heute nichts trinkt, bekommt den ganzen Sommer über keinen Durst. Karfreitagsbrot schimmelt erst, wenn der Geber untreu oder unaufrichtig geworden ist.

Wetterregel:
Wenn es an Karfreitag regnet,
gibt es den ganzen Sommer über große Trockenheit.
Wie der Wind an Karfreitag ist,
so ist er das ganze Jahr.

Weisheit:
Wie groß die Finsternis auch sei, wir sind immer dem Licht nahe. (Franz von Sales)

Namenstage:
Johann Baptist, Hermann Joseph, Burchard.

Die natürliche Hausapotheke:
Wer unreine Haut hat, sollte täglich ein Eidotter essen.

8. April

Kräuter, die in der Nacht zum »Judassamstag« gesammelt wurden, galten als besonders heilkräftig. In der Osternacht spielt vielerorts das Osterfeuer eine bedeutende Rolle, als Symbol des aus der Todesmacht auferweckten Herrn.

Wetterregel:
Heller Mondschein im April
schadet den Blüten viel.

Weisheit:
Die einzige Entschuldigung für dieses Leben ist die Auferstehung. (Léon Bloy)

Namenstage:
Walter, Manegold, Beata.

Die natürliche Hausapotheke:
Wenn Ihr Baby unter Verstopfung leidet, hilft nach alter Auffassung in vielen Fällen eine Teelöffelspitze Bienenhonig.

9. April

Die Legende vom Osterhasen und den Eiern am Ostersonntag ist vermutlich folgendermaßen entstanden: Der Hase galt bei den Germanen aufgrund seiner Fruchtbarkeit als heiliges Tier, das zum Frühlingsbeginn der Lichtgöttin Ostara (daher vermutlich auch der Name Ostern!) geopfert wurde. Die Eier stellten bei den Germanen ein Symbol des erwachenden Lebens dar, die im Namen derselben Göttin geweiht wurden. Im übrigen dienten sie als Zahlungsmittel der kleinen Leute für Pacht und Zins. Ostern war nämlich neben Martini (11. November) der zweite Zahltermin des Jahres.

Wetterregel:
April und Mai sind die Schlüssel zum ganzen Jahr.

Weisheit:
Geheimnisse sind noch keine Wunder.
(Johann Wolfgang von Goethe)

Namenstage:
Waltrud, Kasilda, Konrad I.

Die natürliche Hausapotheke:
Schmerzen an den Fußballen vergehen oftmals durch das Einreiben mit Kampferspiritus.

10. April

Der Ostermontag wird auch Emaustag genannt. Ein alter Brauch ist an diesem Tag der Osterspaziergang auf den Feldern, »Emausgehen« genannt. Eier, Butter, Salz, Brot und ein gebackenes Osterlamm werden vor allem im Alpenraum zu Ostern in der Kirche geweiht.

Wetterregel:
Wenn der April Spektakel macht,
gibt's Korn und Heu in voller Pracht.

Weisheit:
Genieße, was dir Gott beschieden.
Entbehre gern, was du nicht hast.
(Christian Fürchtegott Gellert)

Namenstage:
Hulda, Eberwin, Engelbert, Gerold.

Die natürliche Hausapotheke:
Gegen Nasenbluten können Sie vorgehen, indem Sie einen nassen kalten Lappen oder Schwamm in den Nacken legen. Im Notfall hilft übrigens auch ein kalter Schlüsselbund oder ein anderes Stück Metall.

11. April

Wetterregel:
Ist der April zu schön,
kann im Mai der Schnee noch wehn.

Weisheit:
Saget nicht, laß uns noch ein wenig schlafen und träumen, bis die Besserung von selbst komme. Sie wird niemals von selbst kommen. (Johann Gottlieb Fichte)

Namenstage:
Stanislaus, Hildebrand, Gemma, Reiner.

Die natürliche Hausapotheke:
Emmentaler Käse – und zwar täglich rund vierzig Gramm – soll der Überlieferung nach besonders gut für den Knochenbau sein. Bei jungen Menschen beugt er vor, bei älteren zögert er die Abnutzungserscheinungen der Wirbelsäule hinaus.

12. April

Wetterregel:
April, dein Segen,
heißt Sonne und Regen.
Bloß den Hagel –
den häng an den Nagel.

Weisheit:
Woran du selbst schuldig bist, das schiebe nicht auf die Verhältnisse. (Cato)

Namenstage:
Zeno, Herta, Julius I.

Die natürliche Hausapotheke:
Eine Quarkmaske tut bei empfindlicher Haut besonders wohl. Dazu müssen Sie drei Eßlöffel Weißkäse mit einem Eßlöffel Bienehonig cremig rühren und auftragen. Nach zwanzigminütiger Einwirkzeit können Sie die Maske mit einem in Milch getauchten Wattebausch wieder abwaschen.

13. April

Das sagt der Hundertjährige Kalender: Wenn morgens rote, niedrig schwebende Wolken zu sehen sind, steht schlechtes Wetter bevor.

Wetterregel:
Gehst du im April bei Sonne aus,
laß nie den Regenschirm zu Haus.

Weisheit:
Schmeichler sind Heuchler und Meuchler.

(Volksmund)

Namenstage:
Martin I., Hermenegild, Paulus, Paternus, Ida.

Die natürliche Hausapotheke:
Wessen Füße in neuen Schuhen brennen, der sollte die Schuhe vor dem ersten Tragen mit Essig auswischen. Auch ein feuchtes, in die Schuhspitzen gelegtes Leinenläppchen hilft, da es die Gerbsäure herauszieht, die für das Brennen verantwortlich ist.

14. April

Langsam können Sie daran denken, Blumenkohl zu setzen. Von frühen Sorten sollten auf zehn Quadratmeter 40 Pflanzen in einem Reihenabstand von 40 bis 50 Zentimeter und einem Pflanzenabstand von 50 Zentimetern gesetzt werden. Späte Sorten, die ab Ende Mai bis Mitte Juli in die Erde kommen, haben einen Reihenabstand von 60 und einen Pflanzenabstand von 60 bis 70 Zentimeter. Außerdem benötigen Sie hier auf gleicher Fläche nur 27 Pflanzen.

Wetterregel:
Tiburtius kommt mit Sang und Schall,
bringt Kuckuck mit und Nachtigall.

Weisheit:
Je planmäßiger die Menschen vorgehen,
desto wirksamer trifft sie der Zufall.
(Friedrich Dürrenmatt)

Namenstage:
Hadwig, Lidwina, Ernestine, Tiburtius.

Die natürliche Hausapotheke:
Nierensteine lassen sich manchmal beseitigen, indem Sie abends schwarze Rettiche reiben, über Nacht stehen lassen und morgens den dabei entstandenen Saft trinken. So jedenfalls besagt es ein altes Hausrezept.

15. April

Altem Volksglauben nach entfalten in jedem Monat bestimmte Edelsteine ihre positive Wirkung. Der besondere Stein für April ist der Saphir.

Wetterregel:
Am 15. April der Kuckuck singen soll,
und müßte er singen aus einem Baum, der hohl.

Weisheit:
Was wären die Großen dieser Welt ohne Zuschauer!
(Golo Mann)

Namenstage:
Huna, Nidker.

Die natürliche Hausapotheke:
Eine ganz einfache Diät aus Großmutters Rezeptbuch: Einmal in der Woche ein halb- bis einstündiges Vollbad nehmen, nachdem Sie im Wasser fünf Pfund Kochsalz aufgelöst haben.

16. April

Wetterregel:
Nasser April – blumiger Mai.

Weisheit:
Auch was wir aufgeben, müssen wir mit freier Wahl aufgeben, nicht wie der Fuchs die Trauben.

(Gottfried Keller)

Namenstage:
Benedikt Josef, Bernadette.

Die natürliche Hausapotheke:
Wen Gesichtsfalten stören, der kann es einmal mit folgendem alten Hausmittel versuchen: Kochen Sie die grünen Zapfen der Edeltanne. Drücken Sie die dabei entstandene Flüssigkeit durch ein Leintuch und waschen Sie sich damit vor dem Schlafengehen das Gesicht.

17. April

Das sagt der Hundertjährige Kalender: Gutes Wetter ist zu erwarten, wenn es bei steigendem Luftdruck wärmer wird.

Wetterregel:
Aprilwetter und Kartenglück
wechseln jeden Augenblick.

Weisheit:
Es ist schöner zu knien, als sich herabzubeugen.

(Volksmund)

Namenstage:
Wando, Eberhard, Rudolf, Max Joseph.

Die natürliche Hausapotheke:
Ihre Haut wird schöner, wenn Sie das Waschwasser mit einer ausgedrückten Zitrone anreichern. Weil dadurch das Wasser weicher wird, nützt dies auch Ihrem Teint.

18. April

Wetterregel:
April naß und kalt,
wächst das Korn wie ein Wald.

Weisheit:
Einem bei Lebzeiten ein Monument setzen, heißt die Erklärung ablegen, daß hinsichtlich seiner Nachwelt nicht zu trauen sei. (Arthur Schopenhauer)

Namenstage:
Aya, Wikterp von Augsburg, Herluka.

Die natürliche Hausapotheke:
Schmutzigen Fingernägeln kann vorgebeugt werden, indem Sie Ihre Finger vorher in Seife krallen. Die Nägel lassen sich anschließend erstaunlich leicht reinigen.

19. April

Heute ist der einzige »verworfene Tag« im April. (Näheres zu diesem Volksglauben siehe 2. Januar.)

Wetterregel:
Ist der April zu gut,
schickt er dem Schäfer Schnee auf den Hut.

Weisheit:
Man schätzt den Staub, ein wenig übergoldet, weit mehr als Gold, ein wenig überstaubt. (William Shakespeare)

Namenstage:
Leo IX., Gerold, Autbert, Friedrich, Werner.

Die natürliche Hausapotheke:
Ihr dunkles Haar glänzt noch seidiger, wenn Sie schwarzen Tee für die letzte Spülung verwenden.

20. April

Der frühe Kopfsalat kann ab sofort ins Freiland eingesetzt werden, und zwar pro zehn Quadratmeter 160 Pflanzen in einem Reihen- und Pflanzenabstand von je 25 Zentimeter.

Wetterregel:
Bläst der April mit beiden Backen,
gibt's genug zu jäten und zu hacken.

Weisheit:
Vom Erhabenen zum Lächerlichen ist nur ein Schritt.
(Napoleon I.)

Namenstage:
Wilhelm, Odette, Hildegund, Wiho.

Die natürliche Hausapotheke:
Es ist wichtig, sich mit Seife zu waschen. Sie sollten dabei jedoch nicht übersehen, alle Seifenreste auszuspülen, da sie Hautreizungen verursachen.

21. April

Wetterregel:
Aprilschnee ist Grasbrüter.

Weisheit:
Der schlimmste Weg, den man wählen kann, ist der, keinen zu wählen. (Friedrich II.)

Namenstage:
Anselm, Konrad Birndorfer.

Die natürliche Hausapotheke:
Knoblauchmundgeruch ist unangenehm. Er kann jedoch durch das Kauen von Aniskörnern ziemlich beseitigt werden. Auch Schokolade kann helfen.

22. April

Wetterregel:
Wohl hundertmal schlägt's Wetter um –
das ist dem April sein Privilegium.

Weisheit:
Man sage nicht, am schwersten sei die Tat; da hilft der Mut, der Augenblick, die Regung. Das Schwerste dieser Welt ist der Entschluß. (Franz Grillparzer)

Namenstage:
Kajus, Wolfhelm, Meingoz.

Die natürliche Hausapotheke:
Wenn Sie unter zu trockener Haut leiden, sollten Sie einmal Großmutters Sauerteigmaske versuchen. Der Sauerteig wird etwa einen Zentimeter dick aufgetragen und nach einer guten halben Stunde wieder abgewaschen.

23. April

Am Georgitag gibt es vielerorts festliche Flurumritte, Feldumgänge und Grenzbegehungen. Damit soll an die Abwehr alles Dämonischen erinnert werden, denn nach heidnischer Überlieferung durften an diesem Tag die Hexen ihr Unwesen treiben und dem Wachstum und der Fruchtbarkeit Schaden zufügen. Für die Landkinder bedeutete der Georgstag, daß sie auf ihre Winterschuhe verzichten mußten: »Georgi bringt grüne Schuh«, hieß es dazu.

Wetterregel:
Auf Sankt Georgs Güte
stehen alle Bäum' in Blüte.

Weisheit:
Eine Träne zu trocknen ist ehrenvoller als Ströme von Blut zu vergießen. (Lord Byron)

Namenstage:
Georg, Adalbert, Gerhard, Pusinna.

Die natürliche Hausapotheke:
Schönere rote Lippen bekommen Sie, wenn Sie sie öfter mal mit einer Zahnbürste und Salz massieren. Anschließend sollten Sie ihre Lippen mit Glyzerin oder einer Hautcreme einfetten.

24. April

Wetterregel:
Wenn's donnert im April,
dann hat der Reif sein Ziel.

Weisheit:
Gott wägt die Handlung mehr nach der Meinung ab, in der sie geschieht, als nach der Größe des verrichteten Werkes. (Thomas von Kampen)

Namenstage:
Fidelis, Mellitus, Wilfrid, Egbert, Marian, Theodor, Karl.

Die natürliche Hausapotheke:
Ihre Gesichtshaut wird wieder straff, wenn Sie sich eine Gesichtsmaske aus leicht geschlagenem Eiweiß gönnen. Legen Sie sich entspannt hin und lassen Sie die Maske etwa 20 Minuten einwirken.

25. April

Wetterregel:
April trocken
läßt die Keime stocken.

Weisheit:
Der große Jammer mit den Menschen ist, daß sie so genau wissen, was man ihnen schuldet, und sowenig Empfindungen dafür haben, was sie den anderen schulden. (Franz von Sales)

Namenstage:
Markus, Ermin, Hermann I., Franka.

Die natürliche Hausapotheke:
Ein Tip aus alten Tagen gegen Migräne: Spüren Sie durch Flimmern vor den Augen, daß ein Anfall naht, sollten Sie schnell einen Apfel essen. Falls die Migräne nicht abklingt, empfiehlt sich ein zweiter Apfel hinterher. Außerdem sollten Sie sich dabei hinlegen.

26. April

Säen Sie jetzt die frühen Karottensorten! Und zwar je Quadratmeter sechs bis acht Gramm Samen bei 25 bis 30 Zentimeter Reihenabstand. Bis Ende Juli sollte der Samen der Spätsorten im Boden sein. Vier bis fünf Gramm Samen je Quadratmeter bei einem Reihenabstand von 25 bis 30 Zentimeter sind hier empfehlenswert.

Wetterregel:
Heller Mondschein im April
gibt bei Wein und Obst nicht viel.

Weisheit:
Wenn du Menschen fischen willst, so mußt du dein Herz an die Angel stecken; dann beißen sie an.

(Gottfried Keller)

Namenstage:
Trudpert, Consuelo, Kletus, Richarius, Ratbert, Helene.

Die natürliche Hausapotheke:
Um Ihr Brustgewebe zu straffen, können Sie reife Orangen in Leinöl kochen, die Früchte zerdrücken und das Fruchtfleisch über Nacht mit Hilfe eines festen Verbandes auf die Brüste legen.

27. April

Wetterregel:
Blüht im April der Maulbeerbaum,
gibt es Kälte und Frost noch kaum.

Weisheit:
Das Leben ist nie etwas, es ist nur die Gelegenheit zu etwas. (Christian Friedrich Hebbel)

Namenstage:
Petrus Kanisius, Salman, Floribert, Tutilo, Zita.

Die natürliche Hausapotheke:
Gegen Fußschweiß hilft es, die Füße täglich mehrere Male mit kaltem Wasser zu waschen. Außerdem sind Großmutters selbstgestrickte Wollsocken gesünder als synthetisches Material, das Sie in diesen Fällen vermeiden sollten.

28. April

Das sagt der Hundertjährige Kalender: Stehen kleine tintenfarbene Wolken am Himmel, könnte es bald regnen.

Wetterregel:
Aprildürre macht jede Hoffnung irre.

Weisheit:
Färbt sich rot die Spur des Bären, wächst der Mut auch feigen Hunden. (Carl Maria von Weber)

Namenstage:
Pierre, Adaldag, Hugo.

Die natürliche Hausapotheke:
Graue Haare können Sie bekämpfen, indem Sie sie mit einer Mischung aus einem Drittel Essig und zwei Drittel warmem Wasser waschen und nicht nachspülen. Diese Prozedur bewirkt, daß die natürliche Haarfarbe erhalten bleibt.

29. April

Und so heißt der April in anderen Sprachen: Deutsch des 15. Jahrhunderts: April; Französisch: Avril; Lateinisch: Aprilis; Altdeutsch: Ostermond; Englisch: April; Italienisch: Aprile; Jüdisch: Ijar; Arabisch: Rebi II.

Wetterregel:
Wenn im April die Maikäfer fliegen,
bleiben die meisten im Schmutze liegen.

Weisheit:
Wir verschmähen, was uns erlaubt ist,
das Verbotene hingegen reizt uns. (Ovid)

Namenstage:
Katharina von Siena, Roswitha, Irmtrud, Theoger, Dietrich von Thoreida.

Die natürliche Hausapotheke:
Kalte Kompressen mit schwarzem Tee sind ein bewährtes Hausmittel gegen müde Augen.

30. April

Altem Aberglauben nach versammeln sich heute in der Walpurgisnacht die Hexen, um recht wild umzutreiben. Um sie vor allem aus den Ställen zu vertreiben, zogen die Burschen mit Peitschenknallen und Schießen durch die Straßen.

Wetterregel:
Der April treibt sein Spiel.
Treibt er es toll, wird die Tonne voll.

Weisheit:
Jeder Mann hat zwei Gemahlinnen: seine Frau und seine Zeit. (Aus Madagaskar)

Namenstage:
Pius V., Quirin, Hulda (Hilde), Sigbod, Heimo, Rosamunde, Bernhard II., Wolfhard.

Die natürliche Hausapotheke:
Feuchte Hände können unangenehm sein. Falls Sie darunter leiden, sollten Sie Ihre Hände dreimal täglich in einer Alaunlösung waschen und anschließend mit Franzbranntwein einreiben. Sie können auch versuchen, nachts Handschuhe zu tragen, die Sie mit Salizylpuder präpariert haben.

Mai

Marienmonat

1. Mai

Der »Tag der Arbeit« wurde erstmals im Jahr 1890 als Demonstrations- und Feiertag der internationalen sozialistischen Arbeiterbewegung begangen. Gefeiert wurde an diesem Tag nachweislich jedoch in Italien und England bereits ab dem 13. Jahrhundert »die Einführung des Frühlings«. Der Maibaum wurde übrigens zuerst im 16. Jahrhundert in Franken erwähnt.

Wetterregel:
Im Mai viel Wind
begehrt des Bauern Gesind'.

Weisheit:
Dieser Monat ist ein Kuß, den der Himmel gibt der Erde, daß sie jetzt und seine Braut, künftig seine Mutter werde. (Friedrich von Logau, »Der Mai«)

Namenstage:
Augustin, Markulf, Evermar, Arnold, Sigismund, Pius V., Josef der Arbeiter.

Die natürliche Hausapotheke:
Zwei Tips gegen störende Röte im Gesicht: Waschen Sie sich zweimal täglich mit dem Saft, der beim Abkochen von Anemonen und Zinnkraut entsteht. Oder reiben Sie Ihr Gesicht morgens und abends mit roher Milch ab.

2. Mai

In die Osterzeit fallen die Maiandachten, ein Bestandteil katholischer Volksfrömmigkeit. Ihre ursprüngliche Aufgabe dürfte es gewesen sein, heidnische Frühlingsfeiern ins Christentum zu überführen.

Wetterregel:
Regen im Mai
bringt Wohlstand und Heu.

Weisheit:
Ein rechtes Dorf im Bayernland
muß seinen Maibaum haben,
den jed' Gewerb' und jeder Stand
mit ihrer Kunst begraben. (Volksmund)

Namenstage:
Athanasius, Sigismund, Wiborada, Zoë, Liuthard, Boris, Konrad, Mafalda, Geva.

Die natürliche Hausapotheke:
Großmutters Rat gegen ein steifes Genick: Setzen Sie sich aufrecht auf einen Stuhl, halten Sie mit der linken Hand dessen Sitzfläche fest und ziehen Sie mit der rechten Hand den Kopf langsam nach rechts. Dann verfahren Sie genau umgekehrt.

3. Mai

Kreuzauffindung

Im Mai fallen die »verworfenen Tage« auf den 3., 10., 22. und 25. (Näheres siehe 2. Januar.)

Wetterregel:
Wie's Wetter am Kreuzauffindungstag,
bis Himmelfahrt es bleiben mag.

Weisheit:
Laß nicht zu, daß du jemandem begegnest,
der nicht nach der Begegnung mit dir glücklicher geworden ist. (Mutter Teresa)

Namenstage:
Jakobus, Philppus, Alexander I., Everword, Philipp von Zell.

Die natürliche Hausapotheke:
Früher schwor man darauf, daß Haarausfall verhindert werden kann, indem der Kopf mit einer Abkochung von Haarwurz behandelt werde.

4. Mai

Wetterregel:
Der Florian, der Florian,
noch einen Schneemann setzen kann.

Weisheit:
Welch ein Glück, daß es die einfachen Dinge immer noch gibt, immer noch Felder und rauschende Bäume und den Mond am Himmel, so hoch aufgehängt, daß ihn niemand dem Nachbar zum Trotz herunterschießen kann.
(Karl-Heinrich Waggerl)

Namenstage:
Florian, Guido, Jean-Martin, Valeria, Briktius, Cäcilia.

Die natürliche Hausapotheke:
Gegen Ohrenschmerzen gibt es das folgende alte Geheimrezept: Sie kochen eine Kartoffel mit Schale, zerdrücken sie grob und geben sie in ein Leinensäckchen. Dieses Säckchen legen Sie auf das schmerzende Ohr.

5. Mai

Das sagt der Hundertjährige Kalender: Wenn die Luft bei Sonnenuntergang blaßgelb oder dunkelrot aussieht, bleibt das Wetter nicht mehr lange schön.

Wetterregel:
Maienfröste – unnütze Gäste.

Weisheit:
Wer herausfinden will, was sein Nachbar wirklich von ihm hält, muß einen Streit mit ihm anfangen.
(Aus Simbabwe)

Namenstage:
Godehard, Sigrid, Angelus, Jutta, Franz, Waldrada.

Die natürliche Hausapotheke:
Bei Gallenentzündungen empfiehlt sich eine Hefekur.

6. Mai

Die besonderen Edelsteine für Mai sind Smaragd und Achat. (Näheres siehe 8. Januar.)

Wetterregel:
Mairegen auf die Saaten
ist wie Dukaten.

Weisheit:
Die Vergangenheit und die Gegenwart sind unsere Mittel. Die Zukunft allein ist unser Zweck. (Blaise Pascal)

Namenstage:
Britto, Domitian, Antonia, Gundula, Markward.

Die natürliche Hausapotheke:
Ein alter Tip zur Frühlingszeit für reinen, weißen Teint: Kochen Sie bittere Frühlingskresse in Flußwasser und waschen Sie sich abends damit.

7. Mai

Wetterregel:
Wenn sich naht St. Stanislaus,
rollen die Kartoffeln aus.

Weisheit:
Der Ackerbau ist die erste der Künste.
Nur das ist wahrer Reichtum, was die Erde hervorbringt. (Friedrich II.)

Namenstage:
Notker, Gisela, Heilika, Boris, Stanislaus, Balbulus.

Die natürliche Hausapotheke:
Sellerie ist ein bewährtes Heilmittel gegen Gicht und Rheuma. Vor allem, wenn Sie täglich den Saft zweier ausgekochter Knollen trinken – und zwar ein paar Wochen lang.

8. Mai

Erscheinung Michaels

Wetterregel:
Wenn's im Mai viel regnet,
ist das Jahr gesegnet.

Weisheit:
Jede Mode kommt aus der Mode. (Aus Japan)

Namenstage:
Evodia, Desideratus, Wigger, Friedrich, Wolfhild, Ulrich, Klara, Ulrike.

Die natürliche Hausapotheke:
Mitesser sind häufig die Folge eines ungesunden Lebenswandels. Vor allem Verdauungs- und Stoffwechselstörungen sowie mangelhafte Ernährung sind die Ursachen. Auf keinen Fall sollten Mitesser mit den blanken Fingernägeln ausgedrückt werden. Wenn schon, dann sollten Sie ein frisches Taschentuch verwenden und anschließend die ausgedrückten Stellen mit Spiritus nachtupfen. Falls Sie eine Nadel oder Pinzette verwenden, sollten Sie diese vorher auskochen.

9. Mai

Wetterregel:
Abendtau und Kühl im Mai
bringet Wein und vieles Heu.

Weisheit:
Iß, was gar ist.
Trink, was klar ist. (Martin Luther)

Namenstage:
Beatus vom Thuner See, Adalgar, Ottokar III., Volkmar, Theresia.

Die natürliche Hausapotheke:
Gegen Runzeln und Fältchen empfiehlt Großmutters Rezeptschrank eine Honigmaske. Dazu müssen Sie einen Teelöffel Bienenhonig mit zu Schnee geschlagenem Eiweiß und etwa 50 Gramm Gerstenmehl mischen. Tragen Sie diese Maske dick auf, lassen Sie sie etwa 20 Minuten wirken und waschen Sie sie dann mit warmem Wasser ab.

10. Mai

Wetterregel:
Nordwind im Mai
bringt Trockenheit herbei.

Weisheit:
Ein weiser Mann eilt seiner Zeit voraus.
Der Kluge folget ihr auf allen Wegen.
Der Schlaukopf beutet sie gehörig aus.
Der Dummkopf stemmt sich ihr entgegen.
(Friedrich Rückert)

Namenstage:
Gordianus, Epimachus.

Die natürliche Hausapotheke:
Eine erfolgversprechende Frühjahrs- und Sommerkur gegen Rheuma ist laut alter Überlieferung das tägliche Abklopfen der befallenen Gelenke mit frischen Brennesseln.

11. Mai

Wetterregel:
Maifröste im Mai schädlich sind,
gut hingegen sind die Wind'.

Weisheit:
Es genügt nicht, große Eigenschaften zu haben, man muß auch mit ihnen wirtschaften können.
(François La Rochefoucauld)

Namenstage:
Gangolf, Mamertus, Udiskalk, Joachim.

Die natürliche Hausapotheke:
Ein Tip für besonders zarte und weiche Haut: Nehmen sie einmal ein Honigmilchbad. Dazu werden zwei Liter Milch und eine Tasse Bienenhonig ins Badewasser gegeben.

12. Mai

Heute beginnen die von den Bauern gefürchteten Eisheiligen. Da um diese Tage herum oftmals mit einem Temperatursturz gerechnet werden mußte, wartete man mit dem Säen und Pflanzen meist, bis die »kalte Sofie« (15. Mai) vorbei war. Auch das Vieh wurde in aller Regel erst nach diesem Termin auf die Sommerweide getrieben.

Wetterregel:
Wenn's an Pankratius gefriert,
so wird im Garten viel ruiniert.

Weisheit:
Ehe du ein Haus kaufst, erkundige dich nach den Nachbarn. (Volksmund)

Namenstage:
Pankratius, Nereus, Achilleus, Modoald, Imelda.

Die natürliche Hausapotheke:
Gegen zuviel Schmutz bei der Gartenarbeit können Sie Ihre Haut schützen, wenn Sie sie einfach mit Zitrone einreiben. Zitrone verhindert ein Eindringen allzu intensiver Farbstoffe – etwa von Obst, Schwarzwurzeln oder Rotkohl.

13. Mai

Wetterregel:
Servaz muß vorüber sein,
will man vor Nachtfrost sicher sein.

Weisheit:
Das einzige Gut ist die Tugend, die zwischen Glück und Unglück einherwandelt und beide verachtet. (Seneca)

Namenstage:
Servatius, Ellinger.

Die natürliche Hausapotheke:
Trinken Sie Milch mit Honig und Eigelb, wenn Sie nicht gut einschlafen können. Das schmeckt gut, beruhigt die Nerven und läßt Sie in vielen Fällen wieder tief und ruhig schlafen.

14. Mai

Das sagt der Hundertjährige Kalender: Wenn auf einen grauen Morgenhimmel ein roter Abendhimmel folgt, kündigt sich schönes Wetter an.

Wetterregel:
Gehn die Eisheiligen ohne Frost vorbei,
schreien die Bauern und Winzer juchhei.

Weisheit:
Was der Rost dem Eisen, das ist der Neid dem Menschen. (Volksmund)

Namenstage:
Christian, Pachomius, Paschalis I., Iso, Bonifatius.

Die natürliche Hausapotheke:
Fetten Sie Ihre Haut nach dem Waschen ein, da dann die Poren besonders weit offen sind und das Fett gut eindringen kann.

15. Mai

Wetterregel:
Pankrazi, Bonifazi, Servazi
sind drei frostige Nazi.
Und zum Schluß fehlt nie
die kalte Sofie.

Weisheit:
Wie vieles gibt es doch, was ich nicht nötig habe!
(Sokrates)

Namenstage:
Rupert, Sophia, Gerebern, Isidor, Friedrich.

Die natürliche Hausapotheke:
Gegen unreine Haut hilft es, täglich frische Hefe zu essen. Vor allem Pubertätspickel sollen davon weggehen.

16. Mai

Säen Sie ab jetzt Buschbohnen! Und zwar je zehn Quadratmeter 100 bis 200 Gramm Samen bei 50 Zentimeter Reihenabstand und 40 Zentimeter Pflanzenabstand. Mitte Juli sollte der Samen spätestens im Boden sein. Auch für die Gurkensaat ist jetzt die Zeit günstig. Sechs bis zehn Korn Samen je Quadratmeter bei einem Pflanzenabstand von 35 Zentimeter und einem Reihenabstand von einem Meter sind empfehlenswert. Sind die Eisheiligen vorbei, gehören auch Tomatenpflanzen in die Erde, und zwar 20 Pflanzen bei einem Abstand von 60 Zentimeter und einem Reihenabstand von 80 Zentimeter.

Wetterregel:
Ist der Mai recht heiß und trocken,
kriegt der Bauer kleine Brocken.
Ist er aber feucht und kühl,
gibt es Frücht' und Futter viel.

Weisheit:
Ich kenne keinen Fehler bei anderen, den ich nicht auch hätte begehen können. (Johann Wolfgang von Goethe)

Namenstage:
Johannes Nepomuk, Adelphus, Ubald.

Die natürliche Hausapotheke:
Gegen aufgeplatzte Lippen kann es helfen, sie mit Sahne oder ungesalzener Butter zu bestreichen.

17. Mai

Wetterregel:
Donnert es im Mai recht viel,
hat der Bauer ein gutes Spiel.

Weisheit:
Wer möchte nicht lieber durch Glück dümmer als durch Schaden klug werden? (Salvador Dali)

Namenstage:
Walter, Paschalis.

Die natürliche Hausapotheke:
Rauhe Ellbogen bekommen Sie wieder geschmeidig, wenn Sie Eischnee mit einem Spritzer Zitronensaft und einem Teelöffel Bienenhonig vermengen. Diese Mischung verreiben Sie auf der rauhen Stelle.

18. Mai

Der 40. Tag nach Ostern ist das Hochfest Christi Himmelfahrt. Es hat wenig Brauchtum entwickelt, wenn man einmal davon absieht, daß heute auch »Vatertag« ist. Mancherorts gibt es noch den aus dem Barock stammenden Brauch, eine Christusfigur aus dem Kirchenschiff an einem Seil in den Dachboden der Kirche zu ziehen. Der Aberglaube ging davon aus, daß das schlechte Wetter aus der Richtung kam, in die diese Figur letztendlich blickte.

Wetterregel:
Der Mai in der Mitte
hat für den Winter immer noch eine Hütte.

Weisheit:
Man braucht Verstand, um zu erkennen, daß es Dinge gibt, an die der Verstand nicht heranreicht.

(Martin Kessel)

Namenstage:
Johannes I., Erich IX., Burkhard, Dioscorus, Dietmar, Felix, Blandina.

Die natürliche Hausapotheke:
Ein guter Rat aus Großmutters Gesundheitsbrevier: Trinken Sie vier bis sechs Wochen lang täglich eine Tasse Brennesseltee mit einer darin gelösten Tablette Kieselerde. Das kräftigt den Organismus und hilft gegen brüchige Nägel.

19. Mai

Wetterregel:
Der Mai bringt Blumen dem Gesichte,
aber dem Magen keine Früchte.

Weisheit:
Bescheidenheit steht berühmten Männern wohl an. Nichts zu sein und trotzdem bescheiden, das ist schwer. (Paul Valéry)

Namenstage:
Alkuin, Dunstan, Kuno, Ivo, Bernarda.

Die natürliche Hausapotheke:
Versuchen Sie es bei zu trockener Haut einmal mit einer Karottenmaske! Dazu müssen Sie etwas Karottensaft mit einem halben Eigelb und zwei Tropfen Öl vermischen und einreiben. Ein paar Minuten einwirken lassen.

20. Mai

Wetterregel:
Ein heißer Mai
ist des Todes Kanzlei.

Weisheit:
Der Furchtsame erschrickt vor der Gefahr, der Feige in ihr, der Mutige nach ihr. (Jean Paul)

Namenstage:
Bernhardin von Siena, Saturnina, Valeria, Elfriede, Bartholomäus, Johann Michael.

Die natürliche Hausapotheke:
Weißere Zähne und festeres Zahnfleisch bekommen Sie, wenn Sie Ihre Zähne einmal in der Woche mit Kochsalz putzen. Das Kochsalz wird wie jedes andere Zahnputzmittel auf die feuchte Zahnbürste gegeben. Hinterher sollten Sie gut nachspülen.

21. Mai

Das sagt der Hundertjährige Kalender: Wenn die Sonne »Wasser zieht«, ist mit Regen zu rechnen.

Wetterregel:
Ist es im Mai recht kalt und naß,
haben die Maikäfer wenig Spaß.

Weisheit:
Güte vergelte ich mit Güte, Feindschaft aber mit Gerechtigkeit. (Konfuzius)

Namenstage:
Hermann Joseph, Konstantin der Große, Erenfried, Wiltrud.

Die natürliche Hausapotheke:
Haben Sie sich durch Laugen, Salmiakgeist, Soda, Pottasche oder ähnlichem Verätzungen zugezogen, sollten Sie diese nicht mit Wasser, sondern mit Zitronensaft oder verdünntem Essig behandeln lassen.

22. Mai

Wetterregel:
Nasser Mai
bringt trockenen Juni herbei.

Weisheit:
Die Leute, die niemals Zeit haben, tun am wenigsten.
(Georg Christoph Lichtenberg)

Namenstage:
Julia, Ämilius, Helswind, Rita, Renate, Romuald, Konstantin.

Die natürliche Hausapotheke:
Weicheres Badewasser bekommen Sie, wenn Sie eine halbe Tasse Backpulver hinzugeben.

23. Mai

Wetterregel:
Je mehr die Maikäfer verzehren,
je mehr wird die Ernte bescheren.

Weisheit:
Tüchtiges schaffen, das hält auf Dauer kein Gegner aus. (Peter Rossegger)

Namenstage:
Guibert, Desiderius, Wipert, Bartholomäus.

Die natürliche Hausapotheke:
Rissige Nagelhaut muß nicht sein. Erwärmen Sie Mandel- oder Olivenöl im Wasserbad, tauchen Sie die Fingerspitzen zehn Minuten hinein und massieren Sie anschließend das Öl gut ein.

24. Mai

Maria, Hilfe der Christen.

Wetterregel:
Mailuft
bringt die Toten aus der Gruft.

Weisheit:
Der Himmel hilft niemals denen, die nicht handeln wollen! (Sophokles)

Namenstage:
Magdalena Sophie, Esther, Auxilia, Dagmar, Franz.

Die natürliche Hausapotheke:
Wenn Sie nicht wollen, daß Ihre Hände nach der Küchenarbeit nach Zwiebeln riechen, sollten Sie die Zwiebeln unter fließendem Wasser schälen. Haftet bereits Zwiebelgeruch an den Händen – einfach mit kaltem Wasser ohne Seife waschen.

25. Mai

Am Urbantag werden in manchen Gegenden Bittgänge durch die Weingärten abgehalten – zu Ehren des Weinheiligen und Patrons der Weinbauern und Schäffler. In Franken wird seine Figur mit Wein überschüttet, wenn an diesem Tag die Sonne scheint; regnet es, bekommt er eine Wasserdusche.

Wetterregel:
Die Witterung an Sankt Urban
zeigt des Herbstes Wetter an.

Weisheit:
Jedem Verdammten wird nach dem Maße seiner Schuld auch die Strafe der Vergeltung zuteil. (Gregorius)

Namenstage:
Urban I., Beda der Ehrwürdige, Gregor VII., Maria Magdalena, Egilhard, Heinrich, Heribert.

Die natürliche Hausapotheke:
Blasen an den Füßen sind reichlich unangenehm. Linderung verschaffen Sie sich, indem Sie einen kleinen Lappen auf die Blasen legen, der mit Alkohol getränkt ist. Auf diese Weise trocknen die Blasen ein und der Schmerz läßt nach.

26. Mai

Sommersalat kann von jetzt ab bis Mitte August eingesetzt werden, und zwar pro zehn Quadratmeter 111 bis 133 Pflanzen in einem Reihenabstand von 30 Zentimeter und einem Pflanzenabstand von 25 bis 30 Zentimeter.

Wetterregel:
Steht der Wind im Mai aus Süden,
wird bald Regen uns beschieden.

Weisheit:
Wahrhaftige Worte sind nicht angenehm.
Angenehme Worte sind nicht wahrhaftig. (Laotse)

Namenstage:
Philipp Neri, Regintrud, Alwin, Maria Anna, Augustin, Beda.

Die natürliche Hausapotheke:
Gegen Achselschweiß empfiehlt sich neben der täglichen Hygiene mit heißem Wasser und Seife eine Tinktur aus Essigwasser, Franzbranntwein oder Kölnisch Wasser, die mit einem Wattebausch in die sauberen Achselhöhlen eingerieben wird. Ist die Lösung eingetrocknet, können Sie noch Schweißpuder verwenden.

27. Mai

In den Wochen vor Pfingsten wurden nach alter Volksmedizin die Menschen häufig zur Ader gelassen.

Wetterregel:
Ein Bienenschwarm im Mai
ist wert ein Fuder Heu.

Weisheit:
Wer einen zur Ader lassen will,
der muß ihn auch verbinden können. (Volksmund)

Namenstage:
Augustin von Canterbury, Brun.

Die natürliche Hausapotheke:
Mandeln sind ein altbewährtes Hausrezept gegen Sodbrennen.

28. Mai

Am 50. Tag nach Ostern wird das Pfingstfest gefeiert. Dies ist der Geburtstag der Kirche. In vielen katholischen Kirchen wird heute gefirmt, in protestantischen konfirmiert. Da der geistliche Gehalt dieses Festes längst nicht so einfach zu vermitteln ist wie etwa Weihnachten oder Ostern, hat Pfingsten bei weitem nicht deren Volkstümlichkeit erreicht. Die an diesen Tagen stattfindenden Umritte, Umzüge und Tänze haben ihren Ursprung eher in den alten Bräuchen des Naturjahres.

Wetterregel:
Ein kalter Mai tötet das Ungeziefer
und verspricht eine gute Ernte.

Weisheit:
Wer zuviel unternimmt, richtet wenig aus.

(Volksmund)

Namenstage:
Germanus, Wilhelm, Thietland, Rudhard.

Die natürliche Hausapotheke:
Einen Bluterguß können Sie vermeiden, indem Sie auf die betroffene Stelle sofort kaltes, rohes Fleisch legen.

29. Mai

Am Pfingstmontag, in dieser Zeit des größten Wachstums, kommen Wasser, Regen und Tau besondere Bedeutung zu. In Erinnerung an heidnische Regenzauberfeste wird dem Wasser starke Kraft beigemessen und ihm entsprechend gehuldigt. In vielen alpenländischen Orten gibt es noch Reste dieser uralten Feste.

Wetterregel:
Regen im Mai
bringt fürs ganze Jahr Brot und Heu.

Weisheit:
Ein Heiliger, der traurig ist, ist in Wahrheit ein trauriger Heiliger. (Franz von Sales)

Namenstage:
Maximin, Walram, Irmtrud, Bona.

Die natürliche Hausapotheke:
Ein altes Hausmittel gegen Schuppen und Haarausfall: Massieren Sie Zitronensaft und Glyzerin, die Sie vorher zu gleichen Teilen gemischt haben, in die Kopfhaut ein.

30. Mai

Und so heißt der Mai in anderen Sprachen: Deutsch des 15. Jahrhunderts: Mei; Französisch: Mai; Lateinisch: Majus; Altdeutsch: Wonnemond; Englisch: May; Italienisch: Maggio; Jüdisch: Sivan; Arabisch: Dschumada I.

Wetterregel:
Das Jahr fruchtbar sei,
wenn's viel donnert im Mai.

Weisheit:
Wir lieben Menschen, die frisch heraus sagen, was sie denken – falls sie dasselbe denken wie wir.

(Mark Twain)

Namenstage:
Johanna von Orleans, Reinhild, Ferdinand III., Hubert.

Die natürliche Hausapotheke:
Beugen Sie Krampfadern vor, indem Sie Ihre Beine häufig hochlagern. Nachts können Sie zum Beispiel ein Keilkissen unter das Fußende Ihrer Matratze legen. Zu häufiges Stehen oder Sitzen begünstigt Krampfadern.

31. Mai

Maria Königin, Maria, Vermittlerin aller Gnade.

Wetterregel:
Ist es klar an Petronell,
meßt den Flachs ihr mit der Ell'.

Weisheit:
Es gibt auch Spiegel, in denen man sehen kann, was einem fehlt. (Christian Friedrich Hebbel)

Namenstage:
Petronilla, Helmtrud, Sigewin, Aldo, Fulko, Mechthild.

Die natürliche Hausapotheke:
Wenn Sie müden Augen frischen Glanz verleihen wollen, kann folgendes altes Hausmittel dazu beitragen: Füllen Sie einen Gazebeutel mit gekochten Kamillen und legen Sie ihn auf die geschlossenen Augen. Er sollte jedoch nicht zu heiß sein.

Juni

Herz-Jesu-Monat

1. Juni

Wetterregel:
Stellt der Juni sich milde ein,
wird mild auch der Dezember sein.

Weisheit:
Im Weg durchs Leben kann man den Wind nicht immer im Rücken haben. (Volksmund)

Namenstage:
Justin, Simeon, Ronan, Luitgard.

Die natürliche Hausapotheke:
Wenn Sie Ihr Gesicht mit destilliertem Melissenwasser reinigen, bekommt es eine schönere Farbe. Wenn Sie es anschließend noch mit kaltem Wasser abspülen, wird die Haut besonders schön zart.

2. Juni

Wetterregel:
Gibt's im Juni Donnerwetter,
wird auch das Getreide fetter.

Weisheit:
Es ließe sich alles trefflich schlichten,
könnte man die Sachen zweimal verrichten.
(Johann Wolfgang von Goethe)

Namenstage:
Marzellinus, Petrus, Armin, Blandina, Erasmus, Eugen I., Oddar, Stephan.

Die natürliche Hausapotheke:
Ein Glas Orangensaft am Morgen sorgt fast immer für klaren Kopf.

3. Juni

Wetterregel:
Bleibt der Juni kühl,
wird's dem Bauern schwül.

Weisheit:
Wende dein Gesicht der Sonne zu, dann fallen die Schatten hinter dich! (Aus Thailand)

Namenstage:
Karl Lwanga, Erpho, Hilburg, Klothilde, Morand.

Die natürliche Hausapotheke:
Ihre Augenbrauen werden stärker, wenn Sie sie abends mit Lanolin ausstreichen. Außerdem sollten Sie ihre Brauen regelmäßig massieren und zupfen.

4. Juni

Der Dreifaltigkeitssonntag (Trinitatis) hängt mit keinem speziellen kirchlichen Ereignis zusammen, sondern entspringt dem Bedürfnis, die Dreieinigkeit Gottes zu feiern. Dieser Tag setzt gleichsam den Schlußpunkt unter Weihnachten (Werk des Vaters), Ostern (Werk des Sohnes) und Pfingsten (Werk des Heiligen Geistes).

Wetterregel:
Was im Juni nicht wächst,
gehört in den Ofen.

Weisheit:
Neugierde ist eine Tochter der Eifersucht. (Molière)

Namenstage:
Klothilde, Christa, Quirin, Werner von Ellerbach, Eva.

Die natürliche Hausapotheke:
Linderung bei Sonnenbrand verschafft in vielen Fällen ein Wattebausch, getränkt mit Kamillentee oder Buttermilch. Er sollte mindestens eine halbe Stunde auf die betroffenen Partien gelegt werden.

5. Juni

Das sagt der Hundertjährige Kalender: Wenn der Bergwind von oben nach unten geht, ist ein Gewitter nicht ausgeschlossen.

Wetterregel:
Ist der Juni warm und naß,
gibt's viel Frucht und grünes Gras.

Weisheit:
Was einer früh um viere tut, das kommt ihm nachts um neun zugut. (Volksmund)

Namenstage:
Bonifatius, Meinwerk, Fulger, Eoban, Adalar.

Die natürliche Hausapotheke:
Die Häutchen der Eierschale sind gut gegen aufgeplatzte Hautstellen.

6. Juni

Wetterregel:
Soll Feld und Garten wohl gedeihn,
dann braucht's im Juni Sonnenschein.

Weisheit:
In seinem Haus ist selbst der Arme ein Fürst. (Talmud)

Namenstage:
Norbert von Xanten, Kevin, Klaudius, Falko, Bertrand.

Die natürliche Hausapotheke:
Wenn Sie sich etwas verstaucht haben, sollten Sie auf die schmerzende Stelle Umschläge mit essigsaurer Tonerde oder Arnikawasser legen. Lagern Sie den betroffenen Körperteil hoch und stellen Sie ihn ruhig. Aus Sicherheitsgründen sollten Sie einen Arzt zu Rate ziehen.

7. Juni

Die besonderen Edelsteine für Juni sind Achat und Smaragd. (Näheres siehe 8. Januar.)

Wetterregel:
Im Juni, Bauer, bete,
daß der Hagel nicht alles zertrete!

Weisheit:
Man soll die Schafe scheren, aber nicht schinden.
(Kaiser Tiberius)

Namenstage:
Eoban, Adalar, Herkumbert, Deochar, Robert, Dietger.

Die natürliche Hausapotheke:
Großmutters Schatzkästlein weiß folgenden guten Rat zur Vorbeugung von Mückenstichen: Reiben Sie die unbekleideten Körperteile mit einer Mischung aus acht Teilen Kölnisch Wasser und zwei Teilen alkoholverdünntem Nelkenöl ein.

8. Juni

Vor allem in Süddeutschland wurde der Medardustag mit dem Beginn der Heuernte verbunden. Oftmals machten die Bauern jedoch die Erfahrung, daß dieser Tag verregnet war: »Macht Medardus feucht und naß, regnet's ohne Unterlaß«. Ein weiterer Volksglaube besagt, daß am Tag dieses Patrons der Bauern, Winzer und Bierbrauer das Abendbrot bis auf den letzten Bissen verzehrt werden muß, denn: »Soviel übrig bleibt, mit soviel Arbeit bleibt man im Sommer im Rückstand.«

Wetterregel:
Regen am Medardustag
verdirbt den ganzen Heuertag.

Weisheit:
Daß mich die Menschen nicht kennen, tut mir nicht leid. Aber daß ich die Menschen nicht kenne, das kann mir leid tun. (Konfuzius)

Namenstage:
Medard, Maria, Ilga (Helga), Giselbert, Engelbert.

Die natürliche Hausapotheke:
Gegen Zwiebelmundgeruch hilft meist ein Glas Milch.

9. Juni

Das hohe katholische Fest der Eucharistie am Fronleichnamstag wurde erst 1264 eingeführt und auf den zweiten Donnerstag nach Pfingsten festgesetzt. An den prunkvollen Prozessionen mit dem Allerheiligsten nimmt auf dem Land oft die ganze Gemeinde teil. Besonders prachtvoll sind die Fluß- und Seeprozessionen. Der Ursprung dieses Festes dürfte in uralten Fruchtbarkeitsriten zu finden sein.

Wetterregel:
Wenn im Juni Nordwind weht,
das Korn zur Ernte trefflich steht.

Weisheit:
Ein Volk ohne seßhaften Bauernstand ist kein Volk.
(Hermann Löns)

Namenstage:
Ephräm, Gratia, Primus, Felizian, Liborius, Ephraim der Syrer.

Die natürliche Hausapotheke:
Wer schon frühmorgens frisch aussehen muß, sollte sein Gesicht mit einem Eiswürfel aus Zitronensaft und Mineralwasser abtupfen.

10. Juni

Wetterregel:
Hat Margaret kein Sonnenschein,
kommt das Heu nie trocken ein.

Weisheit:
Wer sich zuviel mit kleinen Dingen abgibt, wird gewöhnlich unfähig zu großen. (François La Rochefoucauld)

Namenstage:
Margarete von Schottland, Bardo, Heinrich, Maurin, Oliva, Gerlach, Diana, Eustachius.

Die natürliche Hausapotheke:
Blutet die Nase, empfiehlt es sich, aufrecht zu sitzen und kalte Umschläge auf Nacken, Stirn oder Nase zu legen.

11. Juni

Wetterregel:
Wenn Sankt Barnabas bringt Regen,
so gibt es viel Traubensegen.

Weisheit:
Wieviel leichter ist andächtig zu schwärmen als gut handeln! (Gotthold Ephraim Lessing)

Namenstage:
Barnabas, Rimbert, Aleydis, Jolenta.

Die natürliche Hausapotheke:
Eine offene, schlecht heilende Wunde heilt nicht selten erstaunlich gut, wenn sie mit echtem reinen Bienenhonig bestrichen wird.

12. Juni

Das sagt der Hundertjährige Kalender: Flimmert die Luft, deutet dies für die nächste Zeit auf gutes Wetter hin.

Wetterregel:
Auf den Juni kommt es an,
ob die Ernte soll bestahn.

Weisheit:
Der Weg von der Erde zu den Sternen ist nicht eben.
(Seneca)

Namenstage:
Leo III., Odulf, Eskil.

Die natürliche Hausapotheke:
Einem Milchstau bei stillenden Müttern kann mit warmen Umschlägen aus Hanfsamenbrei begegnet werden, weiß ein altes Hausrezept.

13. Juni

Heute wird der Namenstag des heiligen Antonius gefeiert, dessen Darstellung mit dem Jesuskind im Volk genauso bekannt ist wie die Vorstellung, daß er helfen kann, vergessene oder verlorene Gegenstände wiederzufinden.

Wetterregel:
Soll gedeihen Korn und Wein,
muß im Juni warm es sein.

Weisheit:
Wie unglücklich ist das Los der Menschen! Kaum ist der Geist zur Ruhe gelangt, so beginnt der Körper schwach zu werden. (Montesquieu)

Namenstage:
Antonius von Padua, Ragnebert, Bernhard.

Die natürliche Hausapotheke:
Linderung bei einer Gallensteinkolik bringt laut einem alten Hausrezept Kamillentee mit einem Eßlöffel Zitronensaft oder mit etwas Mandelöl.

14. Juni

Wetterregel:
Im Juni kühl und trocken,
dann gibt's was in die Milch zu brocken.

Weisheit:
Es ist unmöglich, die Fackel der Wahrheit durchs Gedränge zu tragen, ohne jemanden den Bart zu versengen. (Georg Christoph Lichtenberg)

Namenstage:
Burchard, Gottschalk, Eppo, Meinrad, Lidwina.

Die natürliche Hausapotheke:
Ein Heublumenbad hat schon vielen Rheumatikern gut getan. Dazu werden in zwei Liter Wasser 500 Gramm Heublumen abgekocht, anschließend wird der Sud durch ein Sieb gegossen. Für ein Vollbad empfiehlt Großmutters Hausapotheke die doppelte Menge.

15. Juni

Am Sankt-Veits-Tag gingen die Jugendlichen des Dorfes früher von Haus zu Haus, um Holz zu erbitten. Damit wurde abends ein »Himmelsfeuer« gemacht, um Glück zu beschwören. Dies ist darauf zurückzuführen, daß dieser Tag schon im Bereich der Sonnenwende liegt.

Wetterregel:
Regnet's an Sankt Veit,
Gerste nicht leid't.

Weisheit:
Nach Sankt Veit wendet sich die Zeit.
Alles geht auf die andere Seit. (Volksmund)

Namenstage:
Vitus, Isfrid, Landelin, Lothar, Eigil, Gebhard, Klara.

Die natürliche Hausapotheke:
Rohe Mohrrüben sind ein bewährtes Hausmittel, wenn ein Kind von Würmern befallen ist.

16. Juni

Wetterregel:
Im Juni bleibt man gerne stehn,
um nach Regen auszusehn.

Weisheit:
Die Liebe macht blind für den geliebten Gegenstand.
(Plutarch)

Namenstage:
Benno, Quirin, Luitgard.

Die natürliche Hausapotheke:
Wenn Sie sich geschnitten oder verbrannt haben, hilft ein alter Trick aus Großmutters Hausapotheke: Legen Sie das feine Häutchen auf die Wunde, das zwischen den einzelnen Zwiebelschichten wächst. Es ist aseptisch und sorgt dafür, daß die Wunde schneller heilt. Darüber können sie einen Gazeverband anlegen.

17. Juni

Im Juni fallen die »verworfenen Tage« auf den 17. und 30. (Näheres siehe 2. Januar)

Wetterregel:
Juniregen und Brauttränen
dauern so lange wies Gähnen.

Weisheit:
Eine Frau, die ihren Kinderwagen vor sich herschiebt, hat das Recht, zum Sieger von Sedan und zum Dichter des »Faust« zu sagen: »Bitte gehen Sie mir aus dem Wege!« (Otto von Bismarck)

Namenstage:
Fulko, Ramwold, Euphemia.

Die natürliche Hausapotheke:
Sprödes Haar wird nach Großmutters Rat am besten mit Olivenöl behandelt. Reiben Sie das Öl vor dem Waschen in die Kopfhaut ein und lassen es eine halbe Stunde einwirken. Tragen Sie danach verrührtes Eigelb mit einem Wattebausch auf die Haare und spülen Sie alles nach einer weiteren halben Stunde mit warmem Wasser gut aus.

18. Juni

Wetterregel:
Wie die Junihitze sich stellt,
stellt sich auch die Dezemberkält'.

Weisheit:
Wer seinen Sohn versäumt, zum Freunde zu erziehn,
hat, wenn er aufhört, Kind zu sein, verloren ihn.
(Friedrich Rückert)

Namenstage:
Potentin, Felicius, Simplicius, Elisabeth.

Die natürliche Hausapotheke:
Ein Schnupfen in der warmen Jahreszeit ist besonders unangenehm. Linderung können Sie sich verschaffen, indem Sie zwei- bis dreimal täglich eine warme, leichte Salzwasserlösung durch die Nase einziehen.

19. Juni

Wetterregel:
Wenn's regnet auf Sankt Gervasius,
es vierzig Tage regnen muß.

Weisheit:
Leichter läßt sich eine glühende Kohle auf der Zunge halten als ein Geheimnis. (Sokrates)

Namenstage:
Romuald, Elisabeth, Modest, Andreas, Gervasius, Protasius, Hildegrim, Rasso, Deodat.

Die natürliche Hausapotheke:
Nachtschweiß kann mit Salbeitee bekämpft werden. Um die Ursache des Schwitzens zu ergründen, sollten Sie auf jeden Fall Ihren Hausarzt konsultieren.

20. Juni

Das sagt der Hundertjährige Kalender: Steht morgens ein Regenbogen am Himmel, dürfte sich das Wetter verschlechtern.

Wetterregel:
Viermal Juniregen
bringt zwölfmal Segen.

Weisheit:
Mit den Schlechten nicht zusammenzuarbeiten, gehört genauso zu unseren Pflichten wie mit den Guten zusammenzuarbeiten. (Mahatma Gandhi)

Namenstage:
Deodat, Adalbert, Benigna, Meinrich, Margarete.

Die natürliche Hausapotheke:
Ein hervorragendes Mittel zur Stärkung und Erhaltung der Sehkraft soll es sein, Augenlider und -brauen sowie die Schläfen täglich unmittelbar vor dem Schlafengehen mit kaltem Wasser zu befeuchten.

21. Juni

Heute ist Sommeranfang, der Zeitpunkt, an dem die Sonne in ihrem nördlichen Wendepunkt steht und damit ihren höchsten Stand erreicht hat. Dieser Zeitpunkt wird in der Fachsprache Solstitium genannt. Somit ist heute für die nördliche Erdhalbkugel der längste Tag. Er dauert genau 16 Stunden und 37 Minuten.

Wetterregel:
Ist die Milchstraße klar zu sehn,
bleibt das Wetter schön.
Funkeln heut die Stern,
Spielt der Wind bald den Herrn.

Weisheit:
Freundlichkeit ist eine Sprache, die Taube hören und Blinde lesen können. (Mark Twain)

Namenstage:
Aloisius Gonzaga, Alban, Radulf.

Die natürliche Hausapotheke:
Alle zwei Stunden ein Teelöffel getrockneter Heidelbeeren bekämpft mit großem Erfolg Durchfall.

22. Juni

Wetterregel:
Blüht im Juni der Stock in vollem Licht,
große Beeren er verspricht.

Weisheit:
Unter den Menschen gibt es viel mehr Kopien als Originale. (Pablo Picasso)

Namenstage:
Paulinus von Nola, John Fisher, Thomas Morus, Achatius, Albin, Sighild, Wilhelm, Eberhard, Christine.

Die natürliche Hausapotheke:
Wenn Sie nach einem Insektenstich den Juckreiz lindern wollen, sollten Sie nasse Kernseife auf die Wunde streichen.

23. Juni

Wetterregel:
Wer jung im Juni wie ein Rabe schreit,
wird alt nicht wie eine Nachtigall singen.

Weisheit:
Wer wirklich etwas Gutes tun will, der findet einen Weg. Die anderen suchen und finden eine Ausrede.
(Volksmund)

Namenstage:
Edeltraut, Hildulf.

Die natürliche Hausapotheke:
Ein bewährtes Hausmittel gegen Hautausschlag und Flechten ist ein Aufguß von Himbeerblättern.

24. Juni

Geburt Johannes des Täufers

Um dem Mittsommertag, einem uralten keltischen und germanischen Fest, eine christliche Bedeutung zu geben, wurde dieser Tag zur Geburt von Johannes dem Täufer bestimmt. Erhalten geblieben ist in vielen ländlichen Gegenden das Johannisfeuer, dessen Überspringen die Überwindung von Unglück bedeutet. Springt ein Paar gemeinsam durch das Feuer, bleibt es fürs Leben verbunden.

Wetterregel:
Vor dem Johannistag
man Gerst' und Hafer nicht loben mag.

Weisheit:
Die Jugend ist die Zeit, Weisheit zu lernen.
Das Alter ist die Zeit, sie auszuüben.
(Jean-Jacques Rousseau)

Namenstage:
Johannes der Täufer, Theodulf, Rumold, Erembert, Thöger.

Die natürliche Hausapotheke:
Gegen Schlaflosigkeit sollten Sie Ihre Füße abwechselnd fünf Minuten in warmes und eine Minute in kaltes Wasser tauchen – und zwar je dreimal.

25. Juni

Wetterregel:
Wenn die Johanniwürmer glänzen,
darfst du richten deine Sensen.

Weisheit:
Die Bildung kommt nicht vom Lesen, sondern vom Nachdenken über das Gelesene. (Carl Hilty)

Namenstage:
Prosper, Gohard, Burchard, Wilhelm, Eleonore, Dorothea.

Die natürliche Hausapotheke:
Lebensgefahr besteht, wenn Sie Ihre Schlagader verletzt haben. Dies erkennen Sie am stoßweisen Austreten hellroten Blutes. Die Ader muß zwischen Wunde und Herz so abgebunden werden, daß die Blutung gestillt wird. In jedem Fall muß ein Arzt aufgesucht werden.

26. Juni

Wetterregel:
Im Juni kann des Nordwinds Horn
noch nichts verderben am Korn.

Weisheit:
Das Gute – dieser Satz steht fest –
ist stets das Böse, was man läßt. (Wilhelm Busch)

Namenstage:
Vigilius, Anthelm, Johannes, Paulus.

Die natürliche Hausapotheke:
Frische, rohe Pfirsiche gelten als altes Hausmittel gegen hohen Blutdruck.

27. Juni

Heute ist »Siebenschläfer«, nach sieben Brüdern benannt, die der Legende nach der Christenverfolgung ausgesetzt waren. Sie flohen in eine Höhle und wurden dort, nachdem sie vor Erschöpfung eingeschlafen waren, eingemauert. 200 Jahre später fand ein Bauer das Versteck, öffnete es – und die sieben Brüder erwachten.

Wetterregel:
Regnet es am Siebenschläfertag,
regnet es noch sieben Wochen danach.

Weisheit:
Wenn alle Almosen nur aus Mitleid gegeben würden, so wären die Bettler allesamt verhungert.

(Friedrich Nietzsche)

Namenstage:
Cyrill von Alexandrien, Hemma von Gurk, Crescens, Aureus, Maximus, Heimerad, Theonest, Ariald, Eppo, Gerhoh, Daniel.

Die natürliche Hausapotheke:
Ballaststoffreiche Kost ist gesund und nicht zuletzt gut gegen Verstopfung. Deshalb sollte Ihr Speiseplan großzügig mit rohem Obst, Gemüse und Salaten bestückt sein. Dazu gehört auch reichliche Flüssigkeitsaufnahme – vor allem in Form von Mineralwässern.

28. Juni

Und so heißt der Juni in anderen Sprachen: Deutsch des 15. Jahrhunderts: Brachmond, Französisch: Juin; Lateinisch: Junius; Altdeutsch: Brachet; Englisch: June; Italienisch: Giugno; Jüdisch: Tammuz; Arabisch: Dschumada II.

Wetterregel:
Was es in die Rosen regnet,
wird den Feldern mehr gesegnet.

Weisheit:
Lehren heißt: Die Dinge zweimal lernen.

(Joseph Joubert)

Namenstage:
Irenäus, Theudechild (Diethild), Ekkehard, Heimerad.

Die natürliche Hausapotheke:
Wer sein Gesicht auf besonders milde Weise reinigen möchte, sollte einmal das folgende Rezept anwenden: Mischen Sie Wasser und Apfelessig so an, daß die Flüssigkeit nur ganz schwach sauer riecht. Diese Mischung, abends aufgetragen, hilft auch oftmals gegen Pickel.

29. Juni

Hochfest der Apostel Petrus und Paulus

Die Apostel Petrus und Paulus galten für die Bauern als große Wetterpropheten. Vor allem ging man davon aus, daß ab diesem Tag das Getreide rasch reifte und ein Wetterumschwung bevorstand – so oder so.

Wetterregel:
Regnet es an Peter und Paul
wird des Winzers Ernte faul.
Aber:
Peter und Paul hell und klar
bringt ein gutes Jahr.

Weisheit:
Lügen und Schwätzen sind wie Bruder und Schwester. (Aus Kenia)

Namenstage:
Peter und Paul (Petrus und Paulus), Beata, Gero, Judith, Salome, Hemma.

Die natürliche Hausapotheke:
Haben Sie sich ein Gelenk verrenkt oder verstaucht, sollten Sie dieses sofort ruhig stellen. Am besten helfen kalte Umschläge mit essigsaurer Tonerde.

30. Juni

Pauli Gedächtnis

Wetterregel:
Ein Nachtfrost noch im Junius
macht ohn' Ausnahm' viel Verdruß.

Weisheit:
Die Bitte ist immer heiß, der Dank kalt. (Volksmund)

Namenstage:
Otto von Bamberg, Erentrud, Donatus, Bertechram, Theobald, Ernst, Wilhelm, Adolf, erste Märtyrer der Stadt Rom

Die natürliche Hausapotheke:
Wenn Sie Ihre Verdauung fördern wollen, hat sich Estragon bewährt, das als Gewürz erfrischend-süßlich schmeckt.

Juli

Blut-Christi-Monat

1. Juli

Fest des kostbaren Blutes Christi

Wetterregel:
So golden die Sonne im Juli strahlt,
so golden sich der Weizen mahlt.

Weisheit:
Wer Freude genießen will, muß sie teilen.
Das Glück wurde als Zwilling geboren. (Lord Byron)

Namenstage:
Theodorich, Hechard.

Die natürliche Hausapotheke:
Insektenstiche sollten mit der Scheibe einer rohen Kartoffel betupft werden. Auch essigsaure Tonerde lindert Schmerz oder Juckreiz des Stiches.

2. Juli

Mariä Heimsuchung

Wetterregel:
Wie Maria ins Gebirg zieht ein,
so wird der ganze Juli sein.

Weisheit:
Verkaufe nicht den Schwanz des Affen, ehe du ihn gefangen hast. (Aus Obervolta)

Namenstage:
Petrus, Ruzo, Wiltrud, Jakob Friedrich.

Die natürliche Hausapotheke:
Zarter, strapazierter Haut wird mit einer Nährmaske aus Quark und zerdrückten Bananen etwas Gutes getan. Diese Maske sollte nach etwa einer Viertelstunde mit Milch wieder abgewaschen werden.

3. Juli

Tag des heiligen Thomas, dessen Gebeine nach der Überlieferung heute nach Edessa übertragen wurden. (Siehe auch 21. Dezember.)

Wetterregel:
Juli heiß
lohnt Müh und Schweiß.

Weisheit:
Die Augen reden mächtiger als die Lippen.
(Gerhard Hauptmann)

Namenstage:
Thomas, Joseph.

Die natürliche Hausapotheke:
Um eine sonnenbrandsichere braune Haut zu bekommen, gehört sie ganz einfach mit einer halben Zitrone eingerieben, nachdem sie zuvor von den Rückständen der Sonnencreme befreit wurde.

4. Juli

Die besonderen Edelsteine für Juli sind Rubin und Onyx. (Näheres siehe 8. Januar.)

Wetterregel:
Regen am Sankt-Ulrichs-Tag
macht die Birnen stichig-mad'.

Weisheit:
Der Herrgott gibt's Leben, wir geben das Brot.
Drum stehen wir Bauern am nächsten bei Gott.

(Hans Baumann)

Namenstage:
Elisabeth von Portugal, Ulrich von Augsburg, Berta, Hatto, Bernold, Brun(o), Wilhelm.

Die natürliche Hausapotheke:
Glänzenderes Haar bekommen Sie, indem Sie es mit Regenwasser reinigen. Wenn Sie noch etwas Zitronensaft zusetzen, erhöht das den Glanz noch einmal.

5. Juli

Wetterregel:
Im Juli will der Bauer lieber schwitzen
als untätig hinterm Ofen sitzen.

Weisheit:
Alle Menschen tragen im Innern die Empfindung der Könige: Sie wünschen, daß sie alles gegen die anderen vermöchten, die anderen aber nichts gegen sie.

(Seneca)

Namenstage:
Antonius Maria Zaccaria, Lätizia, Kyrilla, Maria.

Die natürliche Hausapotheke:
Zarte und rosige Haut erhalten Sie, wenn Sie sie mit dem Inneren einer Melonenschale einreiben.

6. Juli

Wetterregel:
Ein tüchtiges Juligewitter
ist gut für Winzer und Schnitter.

Weisheit:
Klugsein hat noch nie einen Menschen an Dummheiten gehindert. (Stefan Zweig)

Namenstage:
Maria (Marietta), Goar, Maria Theresia, Thomas.

Die natürliche Hausapotheke:
Schweißfüßen begegnen Sie mit einem Fußbad aus Großmutters Geheimbrevier: Setzen Sie zwei Handvoll Eichenblätter mit zwei Liter kaltem Wasser an und kochen Sie das Ganze drei Minuten. Diesen Sud kippen Sie in heißes Wasser. Ein bis zwei Fußbäder täglich und Sie fühlen sich wieder frisch.

7. Juli

Das sagt der Hundertjährige Kalender: Morgennebel im Sommer stehen für ein bevorstehendes Gewitter.

Wetterregel:
Was im Juli nicht geraten,
läßt der September ungebraten.

Weisheit:
Sobald ein Mensch den Sinn und Wert des Lebens bezweifelt, ist er krank. (Sigmund Freud)

Namenstage:
Willibald von Eichstätt, Edelburg, Bodard, Waltfrid.

Die natürliche Hausapotheke:
Rosinen auf nüchternen Magen sind ein altbewährtes Mittel gegen zu hohen Blutdruck.

8. Juli

Wetterregel:
Sankt Kilian ist der rechte Rübenmann.

Weisheit:
Der Irrtum ist recht gut, solange wir jung sind, man muß ihn nur nicht mit ins Alter schleppen.
(Johann Wolfgang von Goethe)

Namenstage:
Kilian, Disibod, Landrad(a), Amalberg, Edgar, Amo, Adolf IV., Hermann, Maria.

Die natürliche Hausapotheke:
Eiter löst sich, wenn Sie ein Pflaster mit etwas Schweineschmalz auf die Wunde geben.

9. Juli

Wetterregel:
Ist's im Juli recht hell und warm,
friert's um Weihnachten reich und arm.

Weisheit:
Es wäre wenig in der Welt unternommen worden, wenn man immer nur auf den Ausgang gesehen hätte.
(Gotthold Ephraim Lessing)

Namenstage:
Agilolf, Wigfrid, Johannes, Andreas, Maria Amandine.

Die natürliche Hausapotheke:
Ein altes Hausmittel gegen Kopfschuppen: Ein- bis zweimal wöchentlich wird eine Mischung aus Franzbranntwein und Zwiebeln in die Kopfhaut eingerieben.

10. Juli

Wetterregel:
Wie es die sieben Brüder treiben,
soll es sieben Wochen bleiben.

Weisheit:
Liebe besteht nicht darin, in den anderen hineinzustarren, sondern darin, gemeinsam nach vorn zu blicken.
(Antoine de Saint-Exupéry)

Namenstage:
Knud, Engelbert, Maria Amandine, Alexander, Lantfrid, Olaf, 7 Brüder.

Die natürliche Hausapotheke:
Diese Tips hält Großmutters Hausapotheke bei Gicht bereit: Teilen Sie abends eine Zwiebel und reiben Sie sich mit den Schnittstellen über die schmerzenden Stellen. Ungewaschene, möglichst schwarze Schafwolle ist eine hilfreiche Bettunterlage. Nach dem Aufwachen sollten Sie die Gichtherde mit Johannisöl einreiben.

11. Juli

Wetterregel:
Juli – Sonnenbrand,
gut für Leut und Land.

Weisheit:
Um zu ertragen, was anderen zustößt, sind wir allemal stark genug. (François La Rochefoucauld)

Namenstage:
Benedikt von Nursia, Rachel, Hildulf, Olga, Oliver.

Die natürliche Hausapotheke:
Rauhe Hände werden wieder sanft, wenn Sie sie zwei- bis dreimal wöchentlich in warmer Milch baden. Sie werden merken, daß auch die Rötungen wieder verschwinden.

12. Juli

Wetterregel:
Der Juli bringt die Sichel
für Hans und den Michel.

Weisheit:
Niemand unter den Sterblichen ist so groß, daß er nicht in ein Gebet eingeschlossen werden könnte. (Bert Brecht)

Namenstage:
Hermagoras, Fortunat, Sigisbert, Placidus, Nabor, Felix, Johannes.

Die natürliche Hausapotheke:
Knoblauch ist eines der besten Mittel gegen Blähungen.

13. Juli

Wetterregel:
So selten wie ein Kopf ohne Nagel,
so selten ein Juli ohne Hagel.

Weisheit:
Das ist der ganze Jammer: Die Dummen sind so sicher und die Gescheiten so voller Zweifel.

(Bertrand Russell)

Namenstage:
Heinrich II., Kunigunde, Joel, Silas, Sara, Mildred, Arn, Bertold, Johannes.

Die natürliche Hausapotheke:
Wer versucht, Hühneraugen selbst auszuschneiden, beschwört eine Infektion herauf. Besser ist es, Fußbäder mit Borax zu nehmen, sowie Hühneraugenpflaster oder -tinktur zu verwenden. Auch die Wahl des Schuhwerks spielt eine wichtige Rolle. Sandalen oder – besser noch – Barfußlaufen helfen Hühneraugen vorbeugen.

14. Juli

Wetterregel:
Was der Juli nicht siedet,
kann der August nicht braten.

Weisheit:
Gebildet ist, wer weiß, wo er findet, was er nicht weiß. (Georg Simmel)

Namenstage:
Kamillus, Wandregisil (Wando), Ulrich von Regensburg, Markhelm, Goswin, Roland.

Die natürliche Hausapotheke:
Wenn Ihre Augen entzündet oder überanstrengt sind, können Augenbäder mit Kamillentee oder Borwasser viel Gutes tun.

15. Juli

Und das sagt der Hundertjährige Kalender: Sieht der Himmel am Morgen nach einem Regen tiefblau aus, deutet dies auch weiterhin auf schlechtes Wetter hin.

Wetterregel:
Kalter Juliregen
für die Rehbrunft kein Segen.

Weisheit:
Wir können nicht leben, wenn wir die Sonne nicht suchen. (Ludwig Ganghofer)

Namenstage:
Bonaventura, Gumbert, Ceslaus, Bernhard, Wiro, Plechelm, Otger, Donewald (Donald), Regiswind, Wladimir (Waldemar), David, Egino, Heinrich, Answer.

Die natürliche Hausapotheke:
Gegen Erschöpfung und Müdigkeit kann Großmutters Honigkur helfen. Wenn Sie morgens und abends je einen Teelöffel reinen Bienenhonig vor den Mahlzeiten einnehmen, fühlen Sie sich bald wieder fit. Für besonders Konsequente: Steigern Sie die Dosis nach einer Woche auf drei Teelöffel täglich und reduzieren Sie nach 14 Tagen wieder auf je eine morgendliche und abendliche Einnahme. Diese Dreiwochenkur sollten Sie öfter mal wiederholen.

16. Juli

Maria vom Berge Karmel

Wetterregel:
Kriechen große Spinnen, Würmer
und Schnecken über die Wege,
dann kommt es sicher bald zum Regnen.

Weisheit:
Die Ringenden sind die Lebendigen.
(Gerhart Hauptmann)

Namenstage:
Carmen, Monulf, Irmengard, Reineldis (Reinhild), Elvira.

Die natürliche Hausapotheke:
Buttermilch ist ein altbewährtes Schönheitsmittel. Wenn Sie Ihre Haut damit waschen, wird sie straffer. Auch kleine Fältchen verschwinden in vielen Fällen.

17. Juli

Wetterregel:
Regen an Alexe
wird zur alten Hexe.

Weisheit:
Nur über Stufen steigt einer zur Höhe der Treppe.
(Aus der Türkei)

Namenstage:
Livarius, Donata, Alexius, Marina, Gabriele, Charlotte, Koloman.

Die natürliche Hausapotheke:
Morgens und abends ein Eßlöffel Distelöl (aus der Apotheke) ist ein bewährtes Hausmittel bei Leber- und Gallenleiden.

18. Juli

Wetterregel:
Wettert der Juli mit großem Zorn,
bringt er dafür reicheres Korn.

Weisheit:
Unternimm nie etwas, wozu du nicht das Herz hast, dir den Segen des Himmels zu erbitten!
(Georg Christoph Lichtenberg)

Namenstage:
Arnulf, Answer, Odilia, Arnold, Friedrich, Thietmar, Rapoto, Radegund.

Die natürliche Hausapotheke:
Die Blüten der Arnika gelten als bewährtes Rezept gegen Magen- und Darmkrankheiten.

19. Juli

Im Juli fallen die »verworfenen Tage« auf den 19., 22. und 28. (Näheres siehe 2. Januar.)

Wetterregel:
Nur in der Juliglut
wird Obst und Wein dir gut.

Weisheit:
Die Freunde nennen sich aufrichtig.
Die Feinde sind es. (Arthur Schopenhauer)

Namenstage:
Poppo, Bernulf (Bernold).

Die natürliche Hausapotheke:
Wer nach einer überstandenen Krankheit noch ein wenig schwach auf den Beinen ist, sollte regelmäßig kräftige Fußbäder in gesottenen Weidenrinden nehmen.

20. Juli

Der Namenstag der heiligen Margarete ist bei den Bauern nicht allzu beliebt, weil es dem Vernehmen nach hier sehr oft regnet.

Wetterregel:
Regen am Margaretentag
bringt viel Klag'.

Weisheit:
Für jede Dummheit findet sich einer, der sie macht.
(Volksmund)

Namenstage:
Margareta, Léon-Ignace, Wulmar, Bernhard, Gepa.

Die natürliche Hausapotheke:
Kaltes, fließendes Wasser wirkt blutstillend und zieht die Wunde zusammen. Das gilt zum Beispiel, wenn Sie sich eine Hautabschürfung zugezogen haben.

21. Juli

Wetterregel:
Ohne Tau kein Regen
heißt's im Juli allerwegen.

Weisheit:
Ein schlechter Mensch ist niemals glücklich, auch wenn er Glück hat. (Menander)

Namenstage:
Laurentius von Brindisi, Arbogast, Florentius, Stilla, Daniel, Praxedis.

Die natürliche Hausapotheke:
Nervosität kann auch mit natürlichen Mitteln bekämpft werden – beispielsweise durch eine abendliche Kompresse aus in Wasser gesottenem Wermut.

22. Juli

Reichlich verregnet soll der Namenstag von Maria Magdalena sein. Die Begründung wird von den Bauern gleich mitgeliefert:

Magdalena weint um ihren Herrn,
drum regnet es an ihrem Tage gern.
In alten Zeiten hat man auch Mondflecken als Magdalenas Tränen gedeutet.

Wetterregel:
An Magdalena regnet's gern,
weil sie weinte um den Herrn.

Weisheit:
Durchschneide nicht, was du lösen kannst.
(Joseph Joubert)

Namenstage:
Maria Magdalena, Verena, Eberhard, Wandregisil, Laurentius.

Die natürliche Hausapotheke:
Ein abendliches Bad mit Baldrianzusatz dient zur Beruhigung und nimmt Ihnen psychische Spannungen.

23. Juli

Heute beginnen die »Hundstage«. Und auch wenn sich die Hunde an diesen vornehmlich heißen Tagen nicht sonderlich wohlfühlen mögen – mit ihnen hat der Name direkt nichts zu tun. Gemeint ist vielmehr der Sirius, auch Hundsstern genannt, der von heute ab bis zum 22. August gleichzeitig mit der Sonne aufgeht.

Wetterregel:
Klar muß Apollinaris sein,
soll der Bauer sich erfreun.

Weisheit:
Wer mich einmal betrügt, tut mir unrecht.
Wer mich ein zweites Mal betrügt, tut mir recht.
(Volksmund)

Namenstage:
Birgitta von Schweden, Apollinaris, Liborius.

Die natürliche Hausapotheke:
Gerade an heißen Tagen ist ein Migräneanfall besonders häufig und natürlich extrem unangenehm. Versuchen Sie, sich in einem kühlen, dunklen Raum zu entspannen, machen Sie Schläfenkompressen mit Zitronensaft oder Umschläge mit rohen Zwiebeln auf die Stirn und nehmen Sie nur leichte Kost zu sich.

24. Juli

Der heilige Christophorus gehört zu den 14 Nothelfern. Er ist Patron der Schiffer und Pilger, Kraftfahrer und Reisenden, Piloten und Eisenbahner. An seinem Gedenktag wird vielerorts eine Fahrzeugweihe abgehalten, wobei die Menschen Gottes Segen gegen die Gefahren des Straßenverkehrs erbitten.

Wetterregel:
Wenn im Juli die Ameisen ungewöhnlich tragen,
wollen sie einen frühen und harten Winter ansagen.

Weisheit:
Wer die Menschen kennenlernen will, der studiere ihre Entschuldigungsgründe. (Christian Friedrich Hebbel)

Namenstage:
Christophorus, Ursicin, Christine, Siglind, Gerburg, Kunigunde, Luise.

Die natürliche Hausapotheke:
Um die Venen zu entstauen, empfiehlt es sich, immer mal wieder kurz aufzustehen – das ist gerade für Büromenschen wichtig. Dann sollten Sie auf den Hacken gehen und wippen. Täglich mehrere Male ein paar Minuten Hacke – Zehenspitzen – Hacke – Zehenspitzen beugt Krampfadern vor.

25. Juli

Heute ist Jacobitag. Dieser Heilige übernahm im Christentum die Stelle einer heidnischen Ernte- und Hirtengottheit. Vor allem im Alpenraum wird dieser Tag der ersten Ernte mit Brauchtum unterschiedlichster Art begangen. Da gibt es »Jogaßngehen«, »Hagmoarrangeln« und – vor allem in der Schweiz – zahlreiche Alpfeste mit einem festlichen Wettringen als Höhepunkt – dem »Schwinget«.

Wetterregel:
Gegen Margareten und Jakoben
die stärksten Gewitter toben.

Weisheit:
Keine Religion hat der, der keine Humanität hat.
(Aus Arabien)

Namenstage:
Jakobus, Thea, Godhalm, Thomas von Kempen, Magnerich.

Die natürliche Hausapotheke:
Bei akuten Verdauungsstörungen sollten Sie vorübergehend auf Fleisch verzichten. Die letzte Mahlzeit sollte zwei Stunden vor dem Schlafengehen eingenommen werden. Süßigkeiten vor der Nachtruhe sind in einem solchen Fall Gift.

26. Juli

Gedenktag von Joachim und Anna, die als Eltern der Gottesmutter Maria gelten.

Wetterregel:
Sankt Anna klar und rein,
wird bald das Korn geborgen sein.

Weisheit:
Alles wird uns heimgezahlt, wenn auch nicht von denen, welchen wir geborgt haben.

(Marie Ebner-Eschenbach)

Namenstage:
Joachim, Anna, Gloriosa, Christiane, Ratpero.

Die natürliche Hausapotheke:
Einer Arterienverkalkung kann vorgebeugt werden, wenn Sie hin und wieder eine Knoblauchzwiebel essen.

27. Juli

Wetterregel:
Um Sankt Ann
fangen die kühlen Morgen an.
Oder:
Ist Sankt Anna erst vorbei,
kommt der Morgen kühl herbei.

Weisheit:
Arbeit, die wir lieben, ist das Einzige, was uns mit dem Leben versöhnen kann. (Hermann Bang)

Namenstage:
Magnerich, Glodesind, Waldrada, Bertold, Pantaleon, Lukan, Natalie.

Die natürliche Hausapotheke:
Wenn Kinder stark husten, können Sie ihnen einen Tee aus einer Handvoll im Frühjahr getrockneter grüner Veilchenblätter kochen.

28. Juli

Jetzt ist die Zeit günstig für Winterzwiebelaussaat. Gepflanzt wird etwa einen Monat später. Reihenabstand: 20 Zentimeter, Pflanzabstand: zehn Zentimeter, Mengenempfehlung: zehn Gramm Samen pro zehn Quadratmeter. Die zweite Zeit zur Zwiebelaussaat ist Anfang April, wobei der Pflanzenabstand etwa 15 Zentimeter betragen sollte. Pflanzzeit: Anfang Mai.

Wetterregel:
Wenn im Juli die Immen noch bauen,
kannst du dich nach Holz und Torf umschauen.

Weisheit:
Es ist traurig, eine Ausnahme zu sein. Aber noch viel trauriger ist es, keine zu sein. (Peter Altenberg)

Namenstage:
Beatus, Bantus, Innozenz I., Samson, Benno.

Die natürliche Hausapotheke:
Zuviel Schlaf kann schädlich sein! Die Folge: eine sogenannte »Sonntagsmigräne«. Achten Sie auf einen ausgewogenen Ausgleich zwischen Anspannung und Entspannung!

29. Juli

Wetterregel:
Was der Juli verbricht,
rettet der September nicht.

Weisheit:
Wer seine Absicht nicht für sich behalten kann, der wird nie etwas Bedeutendes ausführen. (Samuel Smiles)

Namenstage:
Martha von Bethanien, Olaf II., Lucilla, Flora, Ladislaus I.

Die natürliche Hausapotheke:
Großmutters Tip für die Ernte von Heilkräutern: Wenn Sie den oberen Teil der Pflanze brauchen, ist der frühe Vormittag die beste Zeit. Blüten gehören im Tagessonnenschein gepflückt und Wurzeln sollten Sie am Spätnachmittag ernten.

30. Juli

Das sagt der Hundertjährige Kalender: Springen die Fische, steht ein Gewitter bevor.

Wetterregel:
Hört der Juli mit Regen auf,
geht leicht ein Teil der Ernte drauf.

Weisheit:
Ich denke niemals an die Zukunft. Sie kommt früh genug. (Albert Einstein)

Namenstage:
Petrus Chrysologus, Simplicius, Faustinus, Beatrix, Batho, Hadebrand, Ingeborg.

Die natürliche Hausapotheke:
Die Blätter und Blüten des Thymian sollen besonders bei Keuchhusten und Katarrh helfen.

31. Juli

Und so heißt der Juli in anderen sprachen: Deutsch des 15. Jahrhunderts: Heumond; Französisch: Juillet; Lateinisch: Julius; Altdeutsch: Heuert; Englisch: July; Italienisch: Luglio; Jüdisch: Ab; Arabisch: Redscheb.

Wetterregel:
Wenn die Schwalben Ende Juli schon ziehen,
sie vor der baldigen Kälte fliehen.

Weisheit:
Armut schändet nicht, ist ein Sprichwort, das alle Menschen im Munde führen und keiner im Herzen.

(August von Kotzebue)

Namenstage:
Ignatius von Loyola, Germanus, Hermann, Goswin.

Die natürliche Hausapotheke:
Rissige Haut an den Händen muß nicht sein. Wenn Sie die Hände nach jedem Waschen gründlich abtrocknen und anschließend mit einer Fettcreme einschmieren, können Sie diesen unangenehmen Zustand vermeiden.

August

Herz-Mariä-Monat

1. August

Petri Kettenfeier

Im August fallen die »verworfenen Tage« auf den 1., 17., 21., 22. und 29. (Näheres siehe 2. Januar.) Vor allem der 1. August galt früher als großer Unglückstag – vermutlich, weil zu diesem Zeitraum oft wilde Gewitter tobten, die man dem losgelassenen Teufel in die Schuhe schob. So sollte an diesem Tag weder geheiratet werden, noch durften Rüben gesät oder Flachs gerauft werden.

Wetterregel:
An Petri Kettenfeier
gehn die Störche fort.

Weisheit:
Unser Leben ist wie eine Handvoll Schnee in der Sommersonne. (Aus Arabien)

Namenstage:
Alfons Maria, Petrus Faber, Kined (Kenned), Ulrich, Fides, Spes, Caritas

Die natürliche Hausapotheke:
Eine Erdbeermaske ist gut für die Schönheit. Dazu werden Erdbeeren zerdrückt, mit Schlagsahne und einem Löffel Bienenhonig verrührt und aufgetragen. Diese Maske sollten Sie etwa zehn Minuten einwirken lassen, ehe sie mit einem in lauwarme Milch getauchten Wattebausch wieder abgewaschen wird.

2. August

Maria von den Engeln (Portiuncula)

Seit dem 10. Jahrhundert sind in Deutschland Weiheformeln zur Kräuterweihe bekannt. Hierin danken die Menschen Gott für die Kräuter und bitten um ihre Segnung. Da die meisten dieser Kräuter im August reifen, findet dieses Fest auch in diesem Monat statt. Gleichzeitig ist die Kräuterweihe eine Huldigung an Maria, die in der Liturgie auch symbolisch als »Blume des Feldes und Lilie der Täler« bezeichnet wird.

Wetterregel:
Der Augusti
macht den Bauern lusti.

Weisheit:
Ein einziger schlechter Zahn macht den ganzen Mund stinkend. (Aus Tansania)

Namenstage:
Eusebius, Gundekar II.

Die natürliche Hausapotheke:
Bei Sonnenbrand hilft in leichten Fällen der Saft der Zierpflanze Aloe.

3. August

Auffindung des heiligen Stephanus

Wetterregel:
Wenn der Kuckuck im August noch schreit,
so gibt's im Winter eine teure Zeit.

Weisheit:
Man verliert die meiste Zeit damit, daß man Zeit gewinnen will. (John Steinbeck)

Namenstage:
Lydia, Benno, Burchard.

Die natürliche Hausapotheke:
Gegen zu große Hitze hilft oft ein eiskaltes Armbad im Waschbecken. Nach etwa 15 bis 30 Sekunden die Arme aus dem Becken nehmen und das Wasser abstreifen, aber die Arme nicht abtrocknen, sondern lediglich solange schwenken, bis wieder ein Wärmegefühl eintritt.

4. August

Das sagt der Hundertjährige Kalender: Zeigen sich auf der Straße Staubwirbel, muß mit Regen gerechnet werden.

Wetterregel:
Dominik wachsen die Rüben dick.

Weisheit:
Jedes schöne Gefühl hat seine Tränen.

(Ludwig Bechstein)

Namenstag:
Johannes Maria Vianney.

Die natürliche Hausapotheke:
Ein Apfel vor dem Schlafengehen kann gegen Mundgeruch helfen.

5. August

Mariä Schnee

Die besonderen Edelsteine für August sind Saradonyx und Karneol. (Näheres siehe 8. Januar.)

Wetterregel:
Oswaldtag muß trocken sein,
sonst werden teuer Korn und Wein.

Weisheit:
Viele verlieren den Verstand nur deshalb nicht, weil sie keinen haben. (Baltasar Gracian y Morales)

Namenstage:
Oswald, Dominika, Stanislaus Hosius.

Die natürliche Hausapotheke:
Milch ist ein altbewährtes Hausmittel für glatte Haut an Dekolleté und Hals. Einfach die Haut mit Milch abtupfen und einziehen lassen. Nicht abwaschen.

6. August

Fest der Verklärung Christi

Am Fest der Verklärung des Herrn wurden in Rom frische Trauben und andere Erstlingsfrüchte des Feldes gesegnet, ein Brauch, der noch heute in der russisch-orthodoxen Kirche gepflegt wird. Das Fest dürfte im Zusammenhang mit einer Kirchweihe auf dem Berg Tabor, dem Berg der Verklärung, stehen.

Wetterregel:
Im August am Morgen Regen
wird vor Mittag sich nicht legen.

Weisheit:
Ich bewundere nichts weniger als den Reichtum eines Menschen, wohl aber den Gebrauch, den er davon macht. (Blaise Pascal)

Namenstage:
Felizissimus, Agapitus, Praxedis (Adelheid), Gilbert, Hermann, Gezelin, Sixtus II., Eigil, Schetzel, Dominikus.

Die natürliche Hausapotheke:
Sie entfernen Schweißgeruch, indem Sie Ihren Körper mit Essigwasser waschen.

7. August

Wetterregel:
An Sankt Afra Regen
ist für den Bauer ungelegen.

Weisheit:
Was manche Leute sich selbst vormachen, das macht ihnen so schnell keiner nach. (Gerd Uhlenbruck)

Namenstage:
Sixtus II., Kajetan, Afra von Augsburg, Juliana, Donatus.

Die natürliche Hausapotheke:
Bei erschlaffter Augenpartie und Augenfältchen kann eine Eigelbmaske Wunder wirken. Rühren Sie dazu etwas Eigelb mit Mandelöl an und vermischen Sie das Ganze mit etwas Zitronensaft und einer Prise Borax. Nach einer Viertelstunde können Sie die Maske wieder mit warmem Wasser abwaschen.

8. August

Wetterregel:
Augustsonne, die schon sehr früh brennt,
nimmt nachmittags kein gutes End'.

Weisheit:
Die Menschen lassen sich lieber durch Lob ruinieren als durch Kritik bessern. (George Bernard Shaw)

Namenstage:
Dominikus, Cyriakus, Hildiger (Hilger), Famian, Rathard.

Die natürliche Hausapotheke:
Ihr Haar wird besonders glänzend, wenn Sie Ihr Haarshampoo mit Apfelessig versetzen. Für eine Flasche Shampoo sollten Sie etwa sechs Teelöffel Essig rechnen.

9. August

Wetterregel:
Ist's in der ersten Augustwoche heiß,
so bleibt der Winter lange weiß.

Weisheit:
Das Leben offenbart sich dem Manne in seinem Kinde. (Euripides)

Namenstage:
Altmann von Paderborn, Hathumar, Edith.

Die natürliche Hausapotheke:
Spröde Lippen sollten Sie mit Honig einreiben. Wenn Sie ihn vor dem Zubettgehen dick auftragen, kann er über Nacht gut einziehen.

10. August

Der heilige Laurentius, der am 10. August des Jahres 258 bei lebendigem Leibe auf einem glühenden Rost zu Tode gequält wurde, gilt als Patron der Armen. Er wird bei Brandwunden, Fieber und Hexenschuß um Hilfe angebetet. An seinem Tag wird mit dem Anbau der späten Feldfrüchte begonnen. Schließlich galt der 10. August früher mancherorts bereits als erster Herbsttag. Die zu diesen Jahreszeiten besonders häufig zu sehenden Sternschnuppen tragen übrigens auch den Namen »Laurentiustränen«.

Wetterregel:
An Laurenzi ist es Brauch,
hört das Holz zu wachsen auf.

Weisheit:
Was hilft aller Sonnenaufgang, wenn wir nicht aufstehen. (Georg Christoph Lichtenberg)

Namenstage:
Laurentius, Asteria (Asta, Astrid), Plektrud.

Die natürliche Hausapotheke:
In Alkohol angesetzte Erdbeeren sollen ein bewährtes Hausmittel gegen Nierensteine sein.

11. August

Wetterregel:
Ein Regen im August
ist für den Wald Erquickungslust.

Weisheit:
Ein einziger Mensch auf Gottes Seite ergibt bereits eine Mehrheit. (Wendell Phillips)

Namenstage:
Klara, Schetzel, Philomena, Susanna, Donoald (Donald), Nikolaus von Kues.

Die natürliche Hausapotheke:
Wenn bei großer Hitze die Füße anschwellen, hilft es, wenn Sie zerquetschtes Gottesgnadenkraut auf die schmerzende Stelle binden. Auch einfache zerquetschte Stuben- oder Balkongeranien tun hier gute Dienste.

12. August

Das sagt der Hundertjährige Kalender: Niedrig fliegende Schwalben verkünden schlechtes Wetter.

Wetterregel:

Der August muß Hitze haben,
sonst wird der Obstbaumsegen begraben.

Weisheit:

Güte ist etwas so Einfaches: Immer für andere da sein. (Dag Hammarskjöld)

Namenstage:

Radegund, Noting von Konstanz, Johannes, Karl.

Die natürliche Hausapotheke:

Eichenrinde als Badezusatz ist ausgesprochen hilfreich. Sie hilft bei leichteren Ekzemen, chronischen Hautkrankheiten und stoppt übermäßiges Schwitzen.

13. August

Wetterregel:
Wie das Wetter zu Kassian,
hält es viele Tage lang.

Weisheit:
Was nützt es dir, keinen Mitwisser zu haben, wo du ein Gewissen hast? (Seneca)

Namenstage:
Pontianus, Hippolyt, Kassian, Wigbert, Gertrud, Hariolf, Ludolf, Gerold, Markus, Radegund, Johannes.

Die natürliche Hausapotheke:
Behandeln Sie einen Insektenstich mit einem Umschlag aus Stärkemehl oder Natron. Mischen Sie diese Umschläge jeweils mit frischem Zitronensaft, Essig oder Hamamelis, die Sie in der Apotheke erhalten.

14. August

Wetterregel:
Je dicker die Regentropfen im August,
je dicker wird auch der Most.

Weisheit:
Barmherzigkeit gegen die Wölfe ist Unrecht gegen die Schafe. (Aus Holland)

Namenstage:
Maximilian Kolbe, Werenfrid, Eberhard von Einsiedeln, Meinhard.

Die natürliche Hausapotheke:
Wer an Migräne leidet, sollte lieber die Sauna meiden. Denn sehr große Hitze verschlimmert dieses Leiden in den meisten Fällen.

15. August

Mariä Himmelfahrt

Seit 1813 wird an diesem Tag Mariä Himmelfahrt gefeiert. Ab heute dauert es noch dreißig Tage bis zur »Kreuzerhöhung«. Diese Zeit ist altem Volksglauben nach besonders für Wurzeln und Kräuter gesegnet. Deshalb sollte heute beispielsweise die heilende Baldrianwurzel gegraben werden.

Wetterregel:
Scheint die Sonne hell und zart
an Mariä Himmelfahrt,
so soll's guten Wein bedeuten,
was erwünscht bei allen Leuten.

Weisheit:
Man kann einen Baum nicht nach der Güte seiner Blätter einschätzen, sondern nur nach der Güte seiner Früchte. (Giordano Bruno)

Namenstage:
Assunta, Tarsitius, Rupert, Mechthild von Magdeburg, Johann Adam, Bernhard, Altfrid, Stephan I., Hyazinth, Stanislaus.

Die natürliche Hausapotheke:
Wenn Sie Heilkräuter sammeln, um selbst Naturheilmittel zusammenzustellen, sollten Sie hierfür einen offenen Korb oder Stoffsäckchen verwenden, jedoch keine Plastiktüten.

16. August

Wetterregel:
Wenn Sankt Rochus trübe schaut,
kommt die Raupe in das Kraut.

Weisheit:
Der Bau von Luftschlössern kostet nichts. Aber ihre Zerstörung ist sehr teuer. (François Mauriac)

Namenstage:
Stephan I. von Ungarn, Theodor, Altfrid, Rochus, Christian.

Die natürliche Hausapotheke:
Badeöle nutzen nur, wenn Sie trockene Haut haben. Bei fettiger oder unreiner Haut sollten Sie sie nicht verwenden.

17. August

Wetterregel:
Wenn's Federbett im August zu heiß,
trägt Honig die Bien' aus der Heide mit Fleiß.

Weisheit:
Mein einz'ger Wunsch ist meiner Wünsche Ruh'.
(Christian Friedrich Rückert)

Namenstage:
Hyazinth, Karlmann, Jeron, Guda (Jutta) von Arnstein.

Die natürliche Hausapotheke:
Wußten Sie schon, daß Kirschen blutreinigend wirken? Süße Kirschen regen vor allem die Blutbildung an, während saure die Arbeit von Leber und Nieren unterstützen. Falls Ihr Magen auf Säure empfindlich reagiert, sollten Sie jedoch nur süße essen.

18. August

Wetterregel:
Wenn im August viele Goldkäfer laufen,
braucht der Wirt den Wein nicht taufen.

Weisheit:
Wir sind nicht nur für das verantwortlich, was wir tun, sondern auch für das, was wir nicht tun. (Molière)

Namenstage:
Helene, Agapitus, Klaudia, Perfektus.

Die natürliche Hausapotheke:
Bei Verstopfung können Sie Ihren Darm wieder zur Vernunft bringen, indem Sie morgens vor dem Frühstück ein Glas kalten Fruchtsaft trinken. Außerdem sollten Sie helle Brotsorten meiden und nur Vollkornbrot essen.

19. August

Das sagt der Hundertjährige Kalender: Lassen die Runkelrüben um die Mittagszeit ihre Blätter hängen, droht ein Gewitter.

Wetterregel:
Weht im August der Wind aus Nord,
ziehen die Schwalben noch lange nicht fort.

Weisheit:
Wer nicht kann, was er will, muß das wollen, was er kann. Denn das zu wollen, was er nicht kann, wäre töricht. (Leonardo da Vinci)

Namenstage:
Johannes Eudes, Sebald, Bertulf, Sigberg, Reginlind, Charitas.

Die natürliche Hausapotheke:
Beim häufigen Auftreten eines Gerstenkorns kann nicht ausgeschlossen werden, daß Diabetes vorliegt. Lassen Sie in diesem Fall sicherheitshalber einen »Zuckertest« machen.

20. August

Wetterregel:
August ohne Feuer
macht das Brot teuer.

Weisheit:
Jeder Mensch begegnet einmal dem Menschen seines Lebens, aber nur wenige erkennen ihn rechtzeitig.
(Gina Kraus)

Namenstage:
Bernhard von Clairvaux, Samuel, Oswin, Burchard, Ronald, Hugo von Tennenbach, Pius X.

Die natürliche Hausapotheke:
Keine Frage, daß Sie in der »grünen« Jahreszeit für Ihren Tee lieber zu frischen als zu getrockneten Kräutern greifen sollten. Bedenken Sie jedoch, daß Sie davon etwa fünfmal soviel brauchen. Von getrockneten genügen normalerweise ein bis zwei Teelöffel pro Tasse.

21. August

Wetterregel:
Im August viel Höhenrauch,
folgt ein strenger Winter auch.

Weisheit:
Der Mut hat keine Zuflucht, die Feigheit tausend.
(Waldemar Bonsels)

Namenstage:
Pius X., Balduin, Gratia.

Die natürliche Hausapotheke:
Kümmeltee zählt zu den wirksamsten Mitteln gegen Blähungen und Bauchkrämpfe. Allerdings sollten Sie nicht zuviel davon trinken, da sonst Kopfschmerzen und Schwindelgefühle entstehen könnten.

22. August

Herz-Mariä-Fest

Wetterregel:
Ein trockener August hat die Leute
noch nie arm gemacht –
ein nasser schon.

Weisheit:
Fortuna lächelt, doch sie mag
nur ungern voll beglücken.
Schenkt sie uns einen Sommertag,
so schenkt sie uns auch Mücken. (Wilhelm Busch)

Namenstage:
Regina, Sigfrid.

Die natürliche Hausapotheke:
Allzuviel ist ungesund. Das gilt auch für Vitamine. Es gibt sehr wohl eine zu hohe Dosierung dieser lebenswichtigen Stoffe. Deshalb sollten Sie vor allem bei konzentrierter Einnahme – zum Beispiel bei Vitaminpräparaten – die Packungshinweise genauestens beachten.

23. August

Wetterregel:
Wenn's regnet im August,
regnet's Honig und guten Most.

Weisheit:
Je weniger Verstand einer hat, um so weniger merkt er den Mangel. (Aus England)

Namenstage:
Rosa von Lima, Richild.

Die natürliche Hausapotheke:
Eine Sommergrippe kann lästig sein. Folgendes Hausmittel kann helfen: Bestreuen Sie dünngeschnittene Schwarzrettichscheiben mit Zucker und legen Sie sie zum Ziehen übereinander. Nach etwas mehr als drei Stunden läßt sich der Sirup abgießen, den Sie anschließend löffelweise einnehmen können.

24. August

Heute enden die »Hundstage« (siehe 23. Juli) und eine wichtige Zäsur des Jahres tritt ein: St. Bartholomäus kündigt den Herbst an. Darum gilt:
Wie Barthel-Tag sich hält,
ist der ganze Herbst bestellt.
Anders gesagt: Die Bauern hofften, daß es heute nicht regnete. Nachdem an diesem Tag die Wirte ihren Gästen frischen Most vorsetzen mußten, ist uns der Spruch wohlbekannt: »Jemandem zeigen, wo der Barthel den Most holt.« Denn ein Wirt, der sich nicht an diese Regel hielt, bekam für das folgende Jahr die Schanklizenz entzogen.

Wetterregel:
Regen an Bartholomä
tut den Reben bitter weh.

Weisheit:
Durch die Leidenschaften lebt der Mensch; durch die Vernunft existiert er bloß. (Nicolas Chamfort)

Namenstage:
Bartholomäus, Sandrad, Ansoalda (Isolde), Karl, Amadeus, Rosa, Jeanne-Antide.

Die natürliche Hausapotheke:
Die Blätter und Blüten der Schafgarbe sollen besonders bei Nieren- und Blasenleiden helfen.

25. August

Wetterregel:
Was Juli und August nicht taten,
läßt auch der September ungebraten.

Weisheit:
Das schlimmste Übel, an dem die Welt leidet, ist nicht die Stärke der Bösen, sondern die Schwäche der Guten.
(Romain Rolland)

Namenstage:
Ludwig IX. von Frankreich, Josef von Galasanza, Patricia, Elvira, Ebba, Wichmann, Christoph, Gregor.

Die natürliche Hausapotheke:
Wenn Sie Ihre Haut öfter mal mit einer Zitronenscheibe einreiben, wird sie sanft und schön.

26. August

Wetterregel:
Der Tau ist dem August so not
wie jedermann sein täglich' Brot.
Doch zieht er auf zum Himmel,
herab kommt ein Getümmel.

Weisheit:
Die zwei größten Tyrannen der Erde: der Zufall und die Zeit. (Johann Gottfried von Herder)

Namenstag:
Gregor von Utrecht.

Die natürliche Hausapotheke:
Mit Essig gekochter Wermut hilft bei Ausschlägen an Gesicht und Körper, wenn Sie sich damit waschen oder Umschläge machen.

27. August

Wetterregel:
Wenn's im August nicht regnet,
ist der Winter mit Schnee gesegnet.

Weisheit:
Auch auf dem besten Felde gibt es Unkraut.
(Volksmund)

Namenstage:
Monika, Gebhard, Cäsarius, Guarin (Warin).

Die natürliche Hausapotheke:
Bei Blutergüssen, Insektenstichen oder Bissen hilft folgendes Hausmittel aus Großmutters Rezeptekammer: Legen Sie auf die offenen Stellen gewaschene Spitzwegerichblätter, die Sie vorher zerrieben oder zerquetscht haben. Halten Sie die Blätter mit einer Mullbinde auf der kranken Stelle fest.

28. August

Jetzt ist Zeit für die Aussaat von Herbstspinat. Für zehn Quadratmeter brauchen Sie 30 bis 50 Gramm, der Reihenabstand soll 30 Zentimeter betragen. Dieselben Werte gelten auch für den frühen Spinat, der ab April ins Freiland kommt.

Wetterregel:
Um die Zeit von Augustin
geh'n die warmen Tage hin.

Weisheit:
Wer stets nach den Sternen greift, wird bald auf der Nase liegen. (Aus Schottland)

Namenstage:
Augustin, Elmar, Adelind von Buchan, Adeline.

Die natürliche Hausapotheke:
Ihr Zahnfleisch wird kräftiger und Ihre Zähne werden weißer, wenn Sie eine Erdbeere zerdrücken und damit Ihr Zahnfleisch massieren.

29. August

Johannes' Enthauptung

Wetterregel:
Wenn die Ameisen sich verkriechen,
wird bald Regen vom Himmel gießen.

Weisheit:
Fordere viel von dir selbst und erwarte wenig von anderen. So wird dir Ärger erspart bleiben. (Konfuzius)

Namenstage:
Sabina, Theodora, Beatrix, Bronislawa.

Die natürliche Hausapotheke:
Augenringe können von Vitaminmangel herrühren. Vor allem fehlendes Vitamin B_2 verursacht dieses unangenehme Aussehen. Wenn Sie reichlich von den folgenden Nahrungsmitteln essen, dürfte das Manko bald wieder behoben sein: Karotten, Milch, Zitrusfrüchte und -säfte, Früchte, Eier und Käse.

30. August

Wetterregel:
Bischof Felix zeiget an,
was wir in vierzig Tag' für Wetter han.

Weisheit:
Mit anderen kann man sich belehren. Begeistert wird man nur alleine. (Johann Wolfgang von Goethe)

Namenstage:
Heribert, Guarin (Warin), Amadeus, Rebekka, Felix, Adauktus, Ingoberg, Amaltrud, Riza, Adelphus.

Die natürliche Hausapotheke:
Eine einfache und ungefährliche Kur für einen geregelten Stuhlgang ist die Feigenkur nach Pfarrer Künzle. Ein bis zwei Monate lang sollen jeden Abend fünf bis zehn gereinigte gewöhnliche Kranzfeigen in ein Glas mit kaltem Wasser gelegt werden. Vor dem Frühstück sollen dann die Feigen verzehrt und das Wasser getrunken werden.

31. August

Und so heißt der August in anderen Sprachen: Deutsch des 15. Jahrhunderts: Augustmond; Französisch: Août; Lateinisch: Augustus; Altdeutsch: Ernting; Englisch: August; Italienisch: Agosto; Jüdisch: Elul; Arabisch: Schaban.

Wetterregel:
Im August blüht der Schnee für den nächsten Winter, wenn weiße Wolken ziehen.

Weisheit:
Vernachlässige nicht dein eigenes Feld, um das eines anderen zu jäten. (Aus China)

Namenstage:
Paulin, Wala, Raimund Nonnatus.

Die natürliche Hausapotheke:
Himbeeren, sagt der Volksmund, sind gut gegen Übelkeit. Sie wirken auch bei Schwäche, Nervenschmerzen und Blutarmut.

September

Schutzengelmonat

1. September

Am Tag des heiligen Ägidius begann in vielen Gegenden die Roggensaat.

Wetterregel:
Wenn St. Ägidius bläst ins Horn,
heißt es: Bauer sä' dein Korn!

Weisheit:
Glücklich ist, wer sich bei Sonnenuntergang über die aufgehenden Sterne freut. (Adalbert Ludwig Balling)

Namenstage:
Ägidius, Pelagius, Verena, Bronislawa, Ruth, Alois.

Die natürliche Hausapotheke:
Gegen einen Bienenstich kann es helfen, die Stelle zu befeuchten und eine Prise Zucker draufzustreuen. Das soll das Gift herausziehen.

2. September

Wetterregel:
September warm und klar,
verheißt ein gutes nächstes Jahr.

Weisheit:
Wer den Häuptling an seine Schuhe erinnert, wird sie auch holen müssen. (Aus Tansania)

Namenstage:
Nonnosus, Apollinaris, Franz Urban, Wolfsind von Reisbach, Ingrid, Emmerich.

Die natürliche Hausapotheke:
Zecken können gefährliche Krankheiten übertragen. Man sollte sie auf keinen Fall brutal abreißen, da fast immer der Kopf steckenbleibt und böse Entzündungen verursacht. Vielmehr erstickt die Zecke, wenn Sie sie dick mit Öl beträufeln. Sie läßt sich dann nach einiger Zeit mitsamt Kopf herausdrehen. Haben Sie kein Öl zur Hand, hilft auch Alkohol. Tip für Autofahrer: Auch Motorenöl wirkt, das Sie zur Not mit Hilfe des Ölmeßstabes gewinnen können.

3. September

Wetterregel:
Septemberwärme dann und wann
zeigt einen strengen Winter an.

Weisheit:
Unsere Gesichter sind Masken, die uns die Natur verlieh, damit wir unseren Charakter dahinter verbergen.
(Oscar Wilde)

Namenstage:
Gregor der Große, Sophie.

Die natürliche Hausapotheke:
Gegen störende Sommersprossen oder Leberflecken hilft dies: Mischen Sie den Saft einer frischen Zitrone mit einem Teelöffel Salz, einem Eßlöffel Kölnisch Wasser und ¼ Eiweiß. Streichen Sie diese Mischung abends auf die störenden Stellen und lassen Sie sie über Nacht einwirken.

4. September

Die besonderen Edelsteine für September sind Saphir und Chrysolith. (Näheres siehe: 8. Januar!)

Wetterregel:
Der September ist der Mai des Herbstes.

Weisheit:
Wenn zwei Menschen immer wieder die gleichen Ansichten haben, ist einer von ihnen überflüssig.
(Winston Churchill)

Namenstage:
Remaklus, Swidbert, Ida von Herzfeld, Jeanne-Antide, Iris, Irmgard von Süchteln, Rosalia, Rosa, Antonius.

Die natürliche Hausapotheke:
Gegen müde Augen bewegen Sie Ihre Augäpfel bei veränderter Kopfhaltung im Kreis – erst bei geöffneten, dann bei geschlossenen Augen. Das tut gut.

5. September

Wintersalat kann von jetzt ab bis Ende Oktober eingesetzt werden, und zwar pro zehn Quadratmeter 250 Pflanzen in einem Reihenabstand von 30 Zentimetern und einem Pflanzenabstand von 25 bis 30 Zentimetern.

Wetterregel:
Septemberanfang mit feinem Regen
kommt allzeit dem Bauern gelegen.

Weisheit:
Wer zur Quelle gehen kann, gehe nicht zum Wassertopf. (Leonardo da Vinci)

Namenstage:
Maria Theresia von Wüllenweber, Roswitha von Gandersheim.

Die natürliche Hausapotheke:
Mit einem Glas kalte Milch beseitigen Sie Knoblauchgeruch.

6. September

Wetterregel:
Ein Herbst, der hell und klar,
ist gut für das kommende Jahr.
Wie das Wetter am Magnustag,
so es vier Wochen bleiben mag.

Weisheit:
Um Gott zu erkennen, muß man ihn lieben.
Um die Menschen zu lieben, muß man sie kennen.
(Augustinus)

Namenstage:
Magnus – Apostel des Allgäus, Gundolf, Eskil von Lund, Theobald, Alexius, Bernhardin, Zachäus.

Die natürliche Hausapotheke:
Korianderfrüchte gelten als bewährtes Rezept gegen Magen- und Darmkrankheiten.

7. September

Das sagt der Hundertjährige Kalender: Wenn die Katze gähnt oder das Vieh auf der Weide Nasen und Schwänze in die Höhe streckt, wird es bald blitzen und donnern.

Wetterregel:
Ist Regine warm und wonnig
bleibt das Wetter lange sonnig.

Weisheit:
Jede Minute, die man lacht, verlängert das Leben um eine Stunde. (Aus China)

Namenstage:
Otto von Freising, Markus Stephan, Melchior, Stephan, Judith, Regina, Madelberta, Dietrich I., Adula.

Die natürliche Hausapotheke:
Kampfersalbe oder -öl ist ein probates Hausmittel gegen Blasen an den Füßen.

8. September

Mariä Geburt

Am heutigen Tag wird der Geburtstag der Jungfrau Maria gefeiert. Er wird von der ländlichen Bevölkerung oft auch »kleiner Frauentag« genannt. Ab diesem Tag verkriechen sich angeblich die Schlangen vor der bevorstehenden Kälte. Ein alter Brauch sah vor, die letzte Garbe auf dem Feld stehen zu lassen – als Spende für die Armen und Hirten.

Wetterregel:
Wie sich's Wetter an Mariä Geburt verhält,
so ist's noch weiter vier Wochen bestellt.

Weisheit:
Wie können wir glauben, ein anderer könne unser Geheimnis bewahren, wenn wir es selbst nicht hüten können? (François La Rochefoucauld)

Namenstage:
Maria, Hadrian (Adrian), Sergius I., Franz, Alan, Korbinian, Stephan, Pongrácz.

Die natürliche Hausapotheke:
Einen Verband sollte man stets zum Herzen hin anlegen. Außerdem gilt zu beachten, daß die ersten Touren nicht zu fest sein sollten.

9. September

Wetterregel:
Ist es an Sankt Georgen schön,
wird man wenig schöne Tage sehn.

Weisheit:
Wer nichts für andere tut, tut nichts für sich.
(Johann Wolfgang von Goethe)

Namenstage:
Gorgonius, Audomar (Otmar), Orthold von Osterhofen.

Die natürliche Hausapotheke:
Gegen Übelkeit, Schwäche, Nervenschmerzen und Blutarmut greift man schon seit Großmutters Zeiten gern zu Himbeeren.

10. September

Wetterregel:
Bleiben jetzt die Schwalben lange,
so sei vor dem Winter nicht bange.

Weisheit:
Gott zieht an einer Hand, der Teufel an beiden Beinen. (Wilhelm Busch)

Namenstage:
Theodard, Pulcheria, Nikolaus von Tolentino.

Die natürliche Hausapotheke:
Nach einem Insektenstich können Sie den Schmerz lindern, indem Sie das Blatt einer Aloe-Zierpflanze dicht am Stiel abbrechen und den klaren Saft auf den Stich drücken.

11. September

Wetterregel:
Wird das Obst sehr langsam reif,
gibt's im Winter statt Eis nur Reif.

Weisheit:
Jede Roheit hat ihren Ursprung in einer Schwäche.
(Seneca)

Namenstage:
Felix und Regula von Zürich, Maternus von Köln, Adelmar, Willibert von Köln, Ludwig von Thüringen, Josef.

Die natürliche Hausapotheke:
Ein Kamillebad ist hilfreich bei juckenden Hautausschlägen, schlecht heilenden Wunden und fördert die Blutzirkulation.

12. September

Mariä Namen

Rhabarber können Sie zweimal im Jahr setzen: jetzt und im April. Und zwar sollten zehn Stöcke in einem Reihen- und Pflanzenabstand von je einem Meter stehen.

Wetterregel:
An Maria Namen
sagt der Sommer Amen.

Weisheit:
Mit jedem Male, da du einem anderen verzeihst, schwächst du ihn und stärkst dich selber. (Aus Peru)

Namenstage:
Maria, Gerfrid, Guido, Degenhard, Maximin.

Die natürliche Hausapotheke:
Wichtig für Kräutersammler: Hände weg von allem, was näher als 500 Meter von einer Autobahn oder sonstigen Hauptstraßen wächst. Auch Kräuter unweit staubiger Feldwege sollten Sie nicht verwenden. Der Grund: Heilpflanzen dürfen nicht gewaschen werden, um ihre volle Wirkung zu entfalten. Deshalb ist auch von Kräutern abzuraten, die mit Kunstdünger oder Jauche gedüngt oder gar mit Insektiziden besprüht wurden.

13. September

Wetterregel:
Wenn im September viele Spinnen kriechen,
sie dann einen harten Winter riechen.

Weisheit:
Es gibt nichts in der Natur, was nicht durch Nichtstun verdirbt: ein Gewässer ohne Bewegung fault; das Eisen, dessen man sich nicht bedient, rostet; das Feld, das man nicht bebaut, bedeckt sich binnen kurzem mit Dornen und Unkraut. (Johannes Chrysostomus)

Namenstage:
Johannes Chrysostomus, Notburg von Tirol, Tobias, Amatus.

Die natürliche Hausapotheke:
So wird richtig Puls gemessen: Messen Sie an der Hals- oder Handschlagader zehn Sekunden lang und rechnen Sie dann (mal sechs) den richtigen Puls aus. Ein normaler Pulsdruck liegt nach dieser Methode übrigens zwischen 110 und 140.

14. September

Fest der Kreuzerhöhung

Wetterregel:
Ists hell am Kreuzerhöhungstag,
so folgt ein strenger Winter nach.

Weisheit:
Wie oft verwechselt man Einfälle mit Ideen!
(Christian Friedrich Hebbel)

Namenstage:
Conan von Irland, Johannes Chrysostomus.

Die natürliche Hausapotheke:
Körperpuder gehört weder auf Gesicht noch auf Hals, da es die Haut austrocknet. Deshalb sollten Sie es nach Möglichkeit nach dem Baden oder Duschen nur für die Füße verwenden.

15. September

Schmerzen Mariä

Das sagt der Hundertjährige Kalender: Wenn die Wiesen nach einem Gewitter besonders stark dampfen, ist das nächste nicht mehr fern.

Wetterregel:
Septembergewitter –
Vorboten von Sturm und Wind.

Weisheit:
Mit nur einer Hand läßt sich kein Knoten knüpfen.
(Aus Rußland)

Namenstage:
Dolores, Dolorosa, Melitta (Melissa, Mela), Oranna, Notburg von Hochhausen, Ludmila, Roland (Orlando), Avia, Josef.

Die natürliche Hausapotheke:
Der Spitzwegerich ist ein bewährtes Hausmittel bei Zahnschmerzen. Es genügt, wenn Sie ihn kauen. Sie können aber auch einen Tee damit zubereiten und gurgeln.

16. September

Wetterregel:
Schaffst du im September nichts in den Keller,
blickst du im Winter auf leere Teller.

Weisheit:
Viele Menschen versäumen das kleine Glück, während sie auf das große vergebens warten. (Pearl S. Buck)

Namenstage:
Kornelius, Cyprian, Julia, Hadwart, Edith, Martin I.

Die natürliche Hausapotheke:
Ein altes Hausrezept gegen Halsschmerzen: Dämpfen Sie eine geschnittene Zwiebel in einer Bratenpfanne, wickeln Sie sie in ein Tuch und legen Sie dieses um Ihren Hals.

17. September

Wetterregel:
Auf Lambert hell und klar,
folgt ein trocken Jahr.

Weisheit:
Für den Fleißigen hat die Woche sieben Heute. Für den Faulen hat sie sieben Morgen. (Volksmund)

Namenstage:
Robert Bellermin, Hildegard von Bingen, Lambert, Ariadne, Badurad, Unni, Raso.

Die natürliche Hausapotheke:
Bei Migräne, so weiß es ein altes Rezept, sollten Sie Weintrauben essen und danach ein Glas Mineralwasser trinken.

18. September

Wetterregel:
Trocken wird das Frühjahr sein,
ist St. Lantpert klar und rein.

Weisheit:
Nichts wird langsamer vergessen als eine Beleidigung und nichts eher als eine Wohltat. (Martin Luther)

Namenstage:
Richardis, Lantpert von Freising.

Die natürliche Hausapotheke:
Ein Spartip zur Pflege Ihrer Haut: Stellen Sie pflegendes Wasser selbst her, indem Sie zu gleichen Teilen Zitronensaft, Rosenwasser und Glyzerin mischen.

19. September

Wetterregel:
Fällt das Laub recht bald,
wird der Herbst nicht alt.

Weisheit:
Glück ist dem Menschen gefährlicher als Unglück. Dieses hält ihn wachsam, jenes macht ihn gleichgültig.
(Montesquieu)

Namenstage:
Januarius, Goërich, Albert, Theodor von Canterbury, Igor, Bertold, Lantpert.

Die natürliche Hausapotheke:
Eine ideale Ergänzung bei vitaminarmer Kost ist Bierhefe. Sie gibt Ihrem Haar neuen Glanz und unterstützt die Reinigung der Haut.

20. September

Wetterregel:
An Septemberregen für Saat und Reben
ist es dem Bauern gelegen.

Weisheit:
Klug zu reden ist oft schwer.
Klug zu schweigen meist noch mehr.
(Friedrich von Bodenstedt)

Namenstage:
Eustachius, Warin.

Die natürliche Hausapotheke:
Ihre Haut wird klar und weich, wenn Sie das Gesicht mit Schafgarbentee waschen.

21. September

Im September gehen die »verworfenen Tage« vom 21. bis 28. (Näheres siehe 2. Januar.) Ob deswegen für viele »Matthäi am Letzten ist«, ist nicht bekannt. Vielmehr dürfte dieser bäuerliche Spruch darauf hinweisen, daß dieser Heilige der Patron der Finanz-, Steuer- und Zollbeamten ist. Und wem diese ins Haus kamen, der hatte wahrlich nicht mehr viel zu bieten.

Wetterregel:
Matthäuswetter hell und klar
bringt guten Wein im nächsten Jahr.

Weisheit:
Was wir wissen, ist ein Tropfen. Was wir nicht wissen, ein Ozean. (Isaac Newton)

Namenstage:
Matthäus, Debora, Jonas, Wulftrud.

Die natürliche Hausapotheke:
Wenn Ihre Hände nach der Küchenarbeit unangenehm riechen – etwa nach Zwiebeln, Fisch oder Knoblauch – können Sie diesen Geruch loswerden, wenn Sie die Hände mit Kaffeesatz abreiben.

22. September

Wetterregel:
Gewitter um Mauritius
bringt Schaden und Verdruß.

Weisheit:
Wenn das Schicksal hart zufaßt, soll der Humor es sanft abschütteln. (Karl Peltzer)

Namenstage:
Mauritius, Landelin von Ettenheimmünster, Emmeram, Liutrud, Gunthild, Otto.

Die natürliche Hausapotheke:
Gegen brüchige und spröde Fingernägel kann es helfen, die Hände in lauwarmes Wasser einzutauchen, das Sie mit Mandelkleie versetzt haben. Nach dem Abtrocknen sollten Sie zusätzlich lanolinhaltige Hautcreme verwenden.

23. September

Wetterregel:
Was der Juli verbrach,
holt der September nicht nach.

Weisheit:
Wer als ein Fuchs ein Amt erschleicht, der wird es als ein Wolf verwalten. (Karl Friedrich Kretschmann)

Namenstage:
Basin, Liutwin, Linus, Thekla, Rotrud, Gerhild von Konstanz.

Die natürliche Hausapotheke:
Herrlich glänzende und starke Haare können Sie bekommen, indem Sie vor der Kopfwäsche ein Eigelb in die Kopfhaus einmassieren, das Sie mit dem Saft einer halben Zitrone vermengt haben.

24. September

Fest Mariä vom Loskauf der Gefangenen

Wetterregel:
Sitzen die Birnen fest am Stiel,
bringt der Winter an Kälte viel.

Weisheit:
Wo viele Sorgen waren, wird auch einst viel Segen sein. (Kardinal Michael von Faulhaber)

Namenstage:
Rupert von Worms, Virgil, Mercedes, Gerhard, Hermann von der Reichenau.

Die natürliche Hausapotheke:
Ein altes Hausrezept sagt, daß es gegen Rheuma helfen soll, wenn Sie täglich ein Glas Tee aus Bohnenschalen trinken.

25. September

Wetterregel:
Im September viel Schleh',
im Winter viel Schnee.

Weisheit:
Wer seine Träume verwirklichen will, muß aus ihnen erwachen. (André Siegfried)

Namenstage:
Nikolaus von Flüe, Firmin, Wigger, Gottfried.

Die natürliche Hausapotheke:
Gegen Kopfschmerzen können Sie es hin und wieder mit einer Tasse Milch mit einem Schuß Schnaps versuchen.

26. September

Wetterregel:
Donnert's im September noch,
dann liegt der Schnee zu Weihnacht' hoch.

Weisheit:
Es gibt mehr Leute, die kapitulieren, als solche, die scheitern. (Henry Ford)

Namenstage:
Kosmas, Damian, Eugenia, Kaspar.

Die natürliche Hausapotheke:
Ein bewährtes, leberschonendes Hausmittel sind Gurken. Ihre Nährstoffe liegen in der Schale und unmittelbar darunter.

27. September

Wetterregel:
Was Juli und August am Wein nicht vermocht,
wird auch vom September nicht gargekocht.

Weisheit:
Nicht da ist man daheim, wo man seinen Wohnsitz hat, sondern wo man verstanden wird.

(Christian Morgenstern)

Namenstage:
Vinzenz, Hiltrud von Hennegau, Dietrich I., Kjeld.

Die natürliche Hausapotheke:
Solange es frische Kräuter gibt, sollten Sie die Gelegenheit zu einem »Kräuter-Cocktail« nutzen. Nehmen Sie die Kräuter von der Fensterbank, aus dem eigenen Garten oder von der grünen Wiese, geben Sie die Mixtur in den Mixer und genießen Sie das Ganze in der heißen Suppe, im Joghurt oder auf einem frischen Butterbrot.

28. September

In diesen Tagen beginnt in den Alpen der Almabtrieb, für die Bergbauern eines der wichtigsten Ereignisse im Jahreslauf. Das Almvieh wird für den Heimweg »aufgekranzt«, also besonders festlich geschmückt und im Tal mit Böllerschüssen und Musik empfangen.

Wetterregel:
Nach Septembergewittern
im Winter viel Schnee- und Kältezittern.

Weisheit:
Willst du getröstet werden, so vergiß derer, denen es besser geht, und denke immer an die, denen es schlimmer ist. (Meister Eckehart)

Namenstage:
Wenzel, Lioba, Salonius, Chuniald, Gislar, Thekla von Kitzingen, Adelrich, Thiemo, Konrad II.

Die natürliche Hausapotheke:
Bei niedrigem Blutdruck können viele Haselnüsse und Knoblauch helfen.

29. September

Weil nun wieder die Zeit beginnt, in denen der Mensch Licht machen muß, um abends in der Stube arbeiten zu können, wurde am Vorabend des Michaelstages in manchen Regionen ein Michaelsfeuer entzündet. Daher, galt der Bauernspruch:
Es holt herbei Sankt Michael
die Lampe wieder und das Öl.
Der Michaelstag war mancherorts ein Feiertag, an dem auf dem Feld nicht gearbeitet wurde und der Bauer seine Leute zum Essen einlud. Die Michaelikirchweih ist noch heute ein beliebter Brauch.

Wetterregel:
Regnet's sanft am Michaelstag
sanft auch der Winter werden mag.

Weisheit:
Es gibt Zeiten, wo die öffentliche Meinung die schlechteste aller Meinungen ist. (Nicolas Chamfort)

Namenstage:
Michael, Raphael, Gabriel.

Die natürliche Hausapotheke:
Die Blätter des Gartensalbei sollen besonders bei Katarrh helfen.

30. September

Und so heißt der September in anderen Sprachen: Deutsch des 15. Jahrhunderts: Herbstmond; Französisch: Septembre; Lateinisch: September; Altdeutsch: Scheiding; Englisch: September; Italienisch: Settembre; Jüdisch: Tischri; Arabisch: Ramadan.

Wetterregel:
Septemberwetter warm und klar,
verheißt ein gutes nächstes Jahr.

Weisheit:
Wer hinter mehreren Hasen herläuft, fängt keinen.
(Aus Griechenland)

Namenstage:
Hieronymus von Stridon, Urs, Viktor, Sophie, Fides, Spes, Caritas (lateinisch) Pistis, Elpis, Agape (griechisch; = Glaube, Hoffnung, Liebe), Leopard, Theresia.

Die natürliche Hausapotheke:
Im Kampf gegen Pickel und Mitesser galt zu Großmutters Zeiten ein Kamillendampfbad als bewährtes Hausmittel. Gießen Sie über zwei Eßlöffel Kamillenblüten und -kraut kochendes Wasser. Beugen Sie sich tief über die Schüssel und legen Sie ein großes Tuch über Ihren Kopf. So fangen Sie die heilsamen Dämpfe am besten ein. Ihre Poren werden gereinigt, hartnäckige Mitesser verschwinden von selbst oder lassen sich mühelos ausdrücken. Kaltes Wasser nach dieser Kur verschließt Ihre Poren wieder.

Oktober

Rosenkranzmonat

1. Oktober

Der Sonntag nach Michaelis oder erste Sonntag im Oktober ist Erntedank. In den Kirchen werden Altar und Altarraum mit Erntegaben geschmückt. Früher maß man der Einfuhr des ersten und letzten Fuders eine nahezu magische Bedeutung bei. Das erste Fuder wurde manchmal den Armen geschenkt, außerdem war es üblich, den Stadel mit Weihwasser zu segnen.

Wetterregel:
Regen an Sankt Remigius
bringt für den ganzen Mond Verdruß.

Weisheit:
Der Ursprung aller Dinge ist klein. (Cicero)

Namenstage:
Theresia, Remigius, Platon, Bavo, Giselbert von Zusmarshausen, Emanuel, Werner.

Die natürliche Hausapotheke:
Um Ihr Blut zu reinigen, können Sie einen Tee aus folgenden Zutaten ansetzen: je zehn Gramm Schafgarbe (Kraut und Blüten), Zinnkraut und Queckenwurzel, je fünf Gramm Bärentraubenblätter, Pfefferminze, Faulbaumrinde, Brennesselkraut und Wacholder sowie drei Gramm Sennesblätter.

2. Oktober

Schutzengelfest

Wetterregel:
Oktoberwind – glaube es mir –
verkündet harten Winter dir.

Weisheit:
Niemand ist zufrieden mit seinem Stande, jeder mit seinem Verstande. (Barthold Brockes)

Namenstage:
Beregis, Ursicin, Petrus, Hermann, Jakob.

Die natürliche Hausapotheke:
Jetzt kann es wunderschöne Tage geben, die zu einer Bergwanderung einladen. Um Ihre Haut zu schützen, sollten Sie sich mit Vaselinsalbe eincremen.

3. Oktober

Im Oktober fallen die »verworfenen Tage« auf den 3., 6. und 11. (Näheres siehe 2. Januar.)

Wetterregel:
Hält der Oktober das Laub,
wirbelt zu Weihnachten Staub.

Weisheit:
Leidenschaft macht oft den gescheitesten Mann zum Narren und den größten Dummkopf zum gescheiten Mann. (François La Rochefoucauld)

Namenstage:
Niketius, Leodegar (Lutger), Ewald, Utto (Udo), Adelgot, Irmgard von Baindt.

Die natürliche Hausapotheke:
Eine weichere Haut und ein Abbleichen der Sommersprossen erreichen Sie mit einer Gurkenmaske. Dazu werden dünne Gurkenscheiben auf das Gesicht gelegt, die Sie eine gute Viertelstunde einwirken lassen. Anschließend können Sie Ihr Gesicht noch mit etwas Milch einreiben und mit zarten Bewegungen massieren.

4. Oktober

Das sagt der Hundertjährige Kalender: Wenn die Luft sehr klar ist und man eine gute Fernsicht hat, währt die Freude nicht mehr lang – Regen steht bevor.

Wetterregel:
Oktoberhimmel voller Sterne
hat warme Öfen gerne.

Weisheit:
Wer von Anfang an genau weiß, wohin ihn der Weg führt, bringt es nie weit. (Napoleon I.)

Namenstage:
Franziskus von Assisi, Aurea, Theresia.

Die natürliche Hausapotheke:
Weizenmehl, das Sie täglich in die Strümpfe streuen, hilft in den meisten Fällen gegen Fußschweiß.

5. Oktober

Die besonderen Edelsteine für Oktober sind Opal und Aquamarin. (Näheres siehe 8. Januar.)

Wetterregel:
Wie im Oktober die Regen hausen,
so im Dezember die Winde sausen.

Weisheit:
Ein Kluger bemerkt alles. Ein Dummer macht über alles eine Bemerkung. (Heinrich Heine)

Namenstage:
Meinolf von Paderborn, Galla, Placidus, Attila, Timerlin, Anna.

Die natürliche Hausapotheke:
Bitteres Aufstoßen können Sie mit einer ganz kleinen Menge gestoßenem Pfeffer wirksam bekämpfen.

6. Oktober

Wetterregel:
Warmer Oktober bringt fürwahr
einen sehr kalten Februar.

Weisheit:
Wer tugendhaft lebt, wird geehrt, aber nicht beneidet. (Aus Persien)

Namenstage:
Bruno der Karthäuser, Adalbero von Würzburg, Renatus.

Die natürliche Hausapotheke:
Jetzt, wo die Tage dunkler und feuchter werden, drohen Erkältungen. Schützen Sie sich davor täglich mit einem halben Glas Saft roter Rüben. Falls dieser Ihnen pur nicht gut genug schmeckt, können Sie ihn ausgezeichnet mit Apfel-, Zitronensaft oder Milch mischen.

7. Oktober

Rosenkranzfest

Wetterregel:
Ist der Oktober kalt,
macht er dem Raupenfraß halt.

Weisheit:
Ein Lügner muß ein gutes Gedächtnis haben.
(Aus Spanien)

Namenstage:
Rosa, Justina, Gerold (Gerwald) von Köln, Georg.

Die natürliche Hausapotheke:
Wacholder als Badezusatz wirkt gegen Muskelkater, Rheuma, Ischias und Hautleiden. Nierenkranke sollten hingegen auf diesen Zusatz verzichten.

8. Oktober

Wetterregel:
Oktober und März
gleichen sich allerwärts.

Weisheit:
Lernen ist wie Rudern gegen den Strom. Sobald man aufhört, treibt man zurück. (Benjamin Britten)

Namenstage:
Simeon, Demetrius, Amor, Gunther, Viktrizius.

Die natürliche Hausapotheke:
Nikotin ist ein Gift, das unter anderem den ganzen Ablauf des vegetativen Nervensystems stört. Das bedeutet für Raucher, die schlecht schlafen, daß sie wenigstens abends so wenig wie möglich zur Zigarette greifen sollten.

9. Oktober

Wetterregel:
Regnet's an Sankt Dionys,
regnet's den ganzen Winter gewiß.

Weisheit:
Sprich nur dann, wenn du etwas Wertvolleres zu sagen hast als dein Schweigen. (Dionysius)

Namenstage:
Dionysius, Johannes von Lucca, Gunther, Abraham, Sara, Arnoald, Theofrid (Dietfrid), Sibylle von Gages, Emanuela Theresia von München.

Die natürliche Hausapotheke:
Wenn Sie auf Kräutersuche gehen, sollten Sie dies nicht an Regen- oder Nebeltagen tun, sondern trockene Zeiten hierfür auswählen.

10. Oktober

Wetterregel:
Nichts kann mehr vor Raupen schützen
als Oktoberreif in Pfützen.

Weisheit:
Der Weg zum Glauben ist die Tat der Liebe. (A. H. Rose)

Namenstage:
Gereon von Köln, Kassius und Florentius von Bonn, Viktor von Xanten, Nuncius, Tuto von St. Emmeran, Adalgot, Jakob.

Die natürliche Hausapotheke:
Ein guter Rat aus Großmutters Rezeptschrank: Ein Umschlag mit kalter Milch kann bei Halsschmerzen Erstaunliches bewirken.

11. Oktober

Wetterregel:
Späte Rosen im Garten
lassen den Winter noch warten.

Weisheit:
Freundschaft ist eine Seele in zwei Körpern.
(Aristoteles)

Namenstage:
Brun von Köln, Jakob Griesinger, Quirin, Ethelburg, Unsere Liebe Frau zum Guten Rat, Meinhard.

Die natürliche Hausapotheke:
Rauhe Haut verschwindet, wenn Sie einen halben Teelöffel Zucker mit etwas Babyöl vermischen, die rauhen Stellen damit einreiben und anschließend mit Seife nachwaschen.

12. Oktober

Wetterregel:
Dies ist ein hartes Winterzeichen,
will's Laub nicht von den Bäumen weichen.

Weisheit:
Wer jede Entscheidung zu schwer nimmt, kommt zu keiner. (Harold Macmillan)

Namenstage:
Maximilian, Herlind, Pilár, Edistus, Pantalus von Augst, Edwin, Gottfried, Bernhard, Jakob, Otto.

Die natürliche Hausapotheke:
Bei abgespannten Füßen sollten Sie es hin und wieder mit einem warmen Salzwasserbad versuchen. Geben Sie ein paar Handvoll Salz ins Wasser und lassen Sie Ihre Füße eine gute Viertelstunde darin regenerieren.

13. Oktober

Das sagt der Hundertjährige Kalender: Steigt Rauch senkrecht empor, bleibt das Wetter gut.

Wetterregel:
Oktobergewitter sagen beständig,
der kommende Winter wird wetterwendig.

Weisheit:
Ein guter Nachbar ist besser als ein Bruder in der Fremde. (Volksmund)

Namenstage:
Lubentius, Aurelia, Sintpert (Simbert) von Augsburg, Koloman, Belisind, Reginbald, Eduard, Andreas.

Die natürliche Hausapotheke:
Rheumaschmerzen im Knie werden oftmals gelindert, wenn das Gelenk mit medizinischer Schmierseife einmassiert wird.

14. Oktober

Wetterregel:
Im Oktober der Nebel viel,
bringt im Winter der Flocken Spiel.

Weisheit:
Das beste Wappen in der Welt
ist der Pflug im Ackerfeld. (Aus der Schweiz)

Namenstage:
Kalixtus I., Burghard, Fortunata, Hildegund von Münchaurach, Alan.

Die natürliche Hausapotheke:
Ein auf die Wunde gestrichener Brei aus Natron und Wasser verschafft in vielen Fällen Linderung, wenn Sie sich mal verbrannt haben.

15. Oktober

Wetterregel:
Hedwig und Gallus
machen das schöne Wetter alle.

Weisheit:
Der Herr läßt Gras wachsen auf den hohen Bergen. Aber als lieber Gott hat er seinen schönen Blumen den Aufenthalt doch mehr im Tal angewiesen. (Wilhelm Raabe)

Namenstage:
Theresia von Avila, Aurelia von St. Emmeram, Willa, Hedwig.

Die natürliche Hausapotheke:
Wer sein Haar gern bleichen möchte, erreicht dies auf die folgende natürliche Weise: Reiben Sie das Haar nach der Wäsche mit Zitronensaft ein, wickeln Sie ein Tuch um den Kopf und lassen Sie den Saft einwirken, ohne ihn hinterher auszuspülen.

16. Oktober

Der St.-Gallus-Tag war früher ein wichtiger Lostag. Mit ihm stand endgültig der Winter vor der Tür. So hieß es: Ab St. Gall bleibt die Kuh im Stall.
Jetzt begannen die Bauern zu schlachten, weil sicher war, daß sich das eingesalzene Fleisch nun über den Winter halten würde.

Wetterregel:
Auf St.-Gallen-Tag
muß jeder Apfel in seinen Sack.

Weisheit:
Ein Fehler, den man mit einem anderen Menschen teilt, verbindet tiefer als ein gemeinsamer Vorzug.
(Hermann Bahr)

Namenstage:
Margareta Maria, Gallus, Hedwig von Andechs, Lul, Heriburg, Hedwig, Gerhard, Maria Sophie, Lutgard von Schenkenzell.

Die natürliche Hausapotheke:
Klagen Sie nach einem Pilzgericht über plötzlichen Brechreiz und Durchfall, liegt vermutlich eine Pilzvergiftung vor. Trinken Sie lauwarmes Wasser, führen Sie Erbrechen herbei und verständigen sofort den Arzt.

17. Oktober

Immer auf den dritten Sonntag im Oktober fällt das Kirchweihfest. Früher war das anders. Da wurde gefeiert, wann immer es dem einzelnen Dorf gefiel. Um die zu häufigen Feiern einzudämmen, einigte man sich seitens Staat und Kirche auf diesen Tag, der das weltliche Hauptfest der Landbevölkerung war. Vor allem der Kirchweihmontag galt – besonders in Bayern – dem Tanz und dem Festessen, wobei die Frauen zum Tanz einluden.

Wetterregel:
Bringt der Oktober viel Frost und Wind,
so sind Januar und Februar lind.

Weisheit:
Man muß die Ernte nicht schon verkaufen, wenn die Saat erst schießt. (Volksmund)

Namenstage:
Ignatius von Antiochien, Anselm von Wien, Contardo Ferrini.

Die natürliche Hausapotheke:
Einen Fremdkörper im Auge können Sie oft mit Zuckerwasser auswaschen.

18. Oktober

Am Lukastag wurden in vielen Gegenden Herbstfeuer, sogenannte Lukasfeuer, entzündet.

Wetterregel:
Wer an Lukas Roggen streut,
es im Jahr drauf nicht bereut.

Weisheit:
Eifersucht ist Angst vor dem Vergleich. (Max Frisch)

Namenstage:
Lukas, Gwen(n), Mono.

Die natürliche Hausapotheke:
Wenn Sie über starken Husten klagen, hilft es, wenn Sie Brust und Rücken mit Leinöl einreiben, das Sie in der Apotheke erhalten, und ein Tuch darüber legen.

19. Oktober

Wetterregel:
Ist der Oktober freundlich und mild,
ist der März dafür rauh und wild.

Weisheit:
Wer seinen Willen durchsetzen will, muß leise sprechen. (Jean Giraudoux)

Namenstage:
Isaak, Jean, Paul vom Kreuz, Frideswida.

Die natürliche Hausapotheke:
So machen Sie einen perfekten Halswickel: Reiben Sie den Hals mit lauwarmem Olivenöl ein, wickeln Sie danach heiße Tücher darüber. Über diese kommt eine Alufolie und als letzte Lage folgt noch ein Handtuch.

20. Oktober

Ein hochverehrter Schutzpatron der Hirten war der heilige Wendelin, der vor allem bei Viehseuchen angerufen wurde. Darum hieß es:
St. Wendelin, verlaß uns nie,
schirm unser'n Stall, schütz unser Vieh!

Wetterregel:
Fällt im Wald das Laub sehr schnell,
ist der Winter früh zur Stell'.

Weisheit:
Es gibt nur drei Methoden, um leben zu können: betteln, stehlen oder etwas leisten. (Gabriel Graf von Mirabeau)

Namenstage:
Wendelin, Vitalis, Johanna, Jakob Franz.

Die natürliche Hausapotheke:
Bei häufigen Entzündungen oder Reizungen der Haut haben Sie möglicherweise Mangel an Vitamin B_2. Da dieses Vitamin reichlich in Milch enthalten ist, können Sie diesem Mangel relativ leicht abhelfen.

21. Oktober

Heute, am Tag der heiligen Ursula, beginnt der sogenannte Altweibersommer. Er bekam seinen Namen etwa Mitte des 18. Jahrhunderts. Man meinte damals, die silbrigen, in klarer Sicht gut sichtbaren, von kleinen Spinnen erzeugten Fädchen würden sich gut dazu eignen, von alten Frauen zu Garn gesponnen zu werden.

Wetterregel:
Sankt Ursulas Beginn
zeigt auf den Winter hin.

Weisheit:
Wer einen Menschen bessern will, muß ihn erst einmal respektieren. (Romano Guardini)

Namenstage:
Ursula von Köln, Himana von Looz.

Die natürliche Hausapotheke:
Nasenbluten wird vorgebeugt, indem Sie die trockene Haut am Naseneingang jeden Tag mit einer Hautcreme einschmieren.

22. Oktober

Das sagt der Hundertjährige Kalender: Reichlicher Morgentau deutet auch weiterhin auf gutes Wetter hin.

Wetterregel:
Durch Oktobermücken
laß dich nicht berücken.

Weisheit:
Das Glück läuft niemand nach. Man muß es aufsuchen. (Adolph Kolping)

Namenstage:
Contardo, Salome, Kordula, Ingbert, Blandina.

Die natürliche Hausapotheke:
Nicht jede Haut verträgt Seife oder Badezusätze. Eine gute Alternative ist hier in vielen Fällen Schmierseife.

23. Oktober

Wetterregel:
Wenn's dem Severin gefällt,
bringt er mit die erste Kält'.

Weisheit:
Es gibt Dinge, die man bereut, ehe man sie tut. Und man tut sie doch. (Christian Friedrich Hebbel)

Namenstage:
Johannes Kapistran, Severin von Köln, Jakobus, Oda, Richmud.

Die natürliche Hausapotheke:
Blumenkohl enthält vor allem das Vitamin Biotin. Es beugt angeblich Haarausfall vor und verhindert entzündliche Hauterkrankungen.

24. Oktober

Wetterregel:
Ist der Oktober warm und fein,
kommt ein scharfer Winter drein.
Ist er aber naß und kühl,
mild der Winter werden will.

Weisheit:
Diene deinen Freunden, ohne zu rechnen.
(Gottfried Keller)

Namenstage:
Antonius Maria Claret, Evergislus.

Die natürliche Hausapotheke:
Eine eitrige Stelle am Körper sollten Sie versuchen, mit Hilfe eines Kamillendampfbades zum Aufgehen zu bringen.

25. Oktober

Wetterregel:
Wenn Buchenfrüchte geraten wohl,
Nuß- und Eichbäume hängen voll:
so folgt ein harter Winter drauf
und fällt der Schnee zuhauf.

Weisheit:
Nichts wieder tun ist die beste Buße. (Volksmund)

Namenstage:
Krispin, Krispinian, Chrysanth, Daria, Ludwig von Arnstein.

Die natürliche Hausapotheke:
Mineralien haben eine positive Wirkung für unser Wohlbefinden. So fördert Magnesium den Stoffwechsel, Kalium entwässert und regt die Nierentätigkeit an, Kalzium ist gut für den Knochenaufbau und Eisen für die Blutbildung.

26. Oktober

Wetterregel:
Kommt die Feldmaus in das Dorf,
so kümmre dich um Holz und Torf.

Weisheit:
Wenn du recht schwer betrübt bist, daß du meinst, kein Mensch auf der Welt könne dich trösten, so tue jemand etwas Gutes, gleich wird's besser sein.

(Peter Rosegger)

Namenstage:
Amandus, Sigebald, Witta, Gerwich, Wigand, Josephine.

Die natürliche Hausapotheke:
Fieber soll nach einer alten Bauernweisheit schnell verschwinden, wenn Sie sich über Nacht eine Halskette aus Rettichscheiben umhängen.

27. Oktober

Wetterregel:
Wenn im Oktober man abends die Schafe
mit Gewalt muß forttreiben,
so soll dies Regen und Schnee bedeuten.

Weisheit:
Trost gibt der Himmel. Von den Menschen erwartet man Beistand. (Ludwig Börne)

Namenstag:
Wolfhard von Augsburg.

Die natürliche Hausapotheke:
Die Blätter der Melisse sollen besonders gegen Krämpfe und Magenschwäche helfen.

28. Oktober

An Simon und Judas ist nach altem Bauernglaube der Tag, der die Grenze zwischen Sommer und Winter darstellt. Wenn dieser Tag vorbei ist, ist der Winter nicht mehr fern. Ganz allgemein gesehen, gilt dieser Tag als Unglückstag. Vor allem für die Herren der Schöpfung heißt es nach altem Aberglauben: Wer heute einer Frau widerspricht, den kommt dies teuer zu stehen.

Wetterregel:
Simon und Juda, die zwei,
führen oft Schnee herbei.

Weisheit:
Wissen ist ein Schatz, Arbeit der Schlüssel dazu.
(Volksmund)

Namenstage:
Simon, Judas Thaddäus, Alfred.

Die natürliche Hausapotheke:
Wimpern werden oft länger, wenn sie allabendlich mit Rizinusöl bestrichen werden.

29. Oktober

Wenn es regnet, ehe die Plejaden – auch Siebengestirn oder »Gluckhenne« genannt – untergehen, kann der Bauer mit einem fruchtbaren kommenden Jahr rechnen. Deshalb widmet er diesem Gestirn, das an den letzten Oktobertagen in klaren Nächten gut zu erkennen ist, seine besondere Aufmerksamkeit.

Wetterregel:
Hat der Has' ein dichtes Fell,
so kümmre dich um Brennholz schnell.

Weisheit:
Die Erinnerung ist das einzige Paradies, woraus wir nicht vertrieben werden können. (Jean Paul)

Namenstage:
Ferrutius, Narzissus, Ermelind, Margarete.

Die natürliche Hausapotheke:
Bei trockener Haut empfiehlt sich eine Rahmmaske. Dazu müssen Sie Eigelb mit etwas süßer Sahne verrühren und auftragen. Das Ganze können Sie nach etwa zehn Minuten wieder abwaschen.

30. Oktober

Wetterregel:
Fällt der erste Schnee in den Schmutz,
vor strengem Winter kündet er Schutz.

Weisheit:
Was einen treffen kann, kann jeden treffen. (Seneca)

Namenstage:
Thöger (Theogar, Dietger), Emicho, Bernhard.

Die natürliche Hausapotheke:
Jetzt kommt es darauf an, den Körper auf die kalte, dunkle Jahreszeit vorzubereiten. Wie wäre es mit einem altbewährten Aufbaucocktail aus Eigelb, einem Eßlöffel Honig und Zitronensaft? Das Ganze verquirlen und mit Milch aufgießen – es schmeckt prima und ist gesund!

31. Oktober

Und so heißt der Oktober in anderen Sprachen: Deutsch des 15. Jahrhunderts: Weinmond; Französisch: Octobre; Lateinisch: October; Altdeutsch: Gibhard; Englisch: October; Italienisch: Ottobre; Jüdisch: Mar-Cheschwan; Arabisch: Schawwal.

Wetterregel:
An Sankt Wolfgang Regen
verspricht ein Jahr voller Segen.

Weisheit:
Das Huhn, das einen Kater heiraten will, ist verrückt.
(Aus Mosambique)

Namenstage:
Wolfgang von Regensburg, Quintin, Foillan, Noitburg, Jutta von Bedburg, Josef.

Die natürliche Hausapotheke:
Sodbrennen können Sie bekämpfen, indem Sie ein bis zwei rohe Äpfel essen.

November

Allerseelenmonat

1. November

Allerheiligen

Der Allerheiligentag ist seit dem 9. Jahrhundert ein bedeutender Feiertag im christlichen Jahreslauf. An diesem Tag wird der Erlösung der Heiligen und Seelen gedacht. Mit dem Zwölfuhrläuten, so der Volksglaube, wurden die armen Seelen frei, um dorthin zurückzukehren, wo ihre menschliche Hülle einst gewirkt hatte. Mit dem Angelusläuten an Allerseelen hatten sie wieder ins »Fegefeuer« zurückzukehren. Als »Reiseproviant« wurden Brot, Wein und Bohnen auf die Gräber gelegt.

Wetterregel:
Wenn's zu Allerheiligen schneit,
dann lege deinen Pelz bereit.

Weisheit:
Jedesmal, wenn ein guter Mensch stirbt, ist es, als brenne eine Bibliothek ab. (Aus dem Senegal)

Namenstage:
Toussaint(s), Meimelph, Boso, Achahild, Harald, Dietbirg, Wolfhold, Guda, Luitpold, Arthur, Rupert, Audomar, Bertold.

Die natürliche Hausapotheke:
Gegen Verstopfung helfen Joghurt oder Backpflaumen.

2. November

Allerseelen

Der besondere Edelstein für November ist der Topas. (Näheres siehe 8. Januar.)

Wetterregel:
Friert im November zeitig das Wasser,
wird's im Januar um so nasser.

Weisheit:
Sagt nicht, daß die Toten tot sind. Etwas von ihrem Wesen lebt weiter in ihren Nachkommen. (Tschuang-tse)

Namenstage:
Willibold, Angela von Stolberg.

Die natürliche Hausapotheke:
Eine besondere Wirkung wird Hautcreme mit Früchten zugeschrieben. Verrühren Sie eine halbe zerdrückte Aprikose unter die Creme – das wirkt belebend und glättend. Glatt, samtig und weich wird die Haut, wenn Sie weiches Avocadofleisch nehmen. Zwei bis drei Erdbeeren hingegen machen auf Ihre Haut einen kühlenden und beruhigenden Eindruck.

3. November

Wetterregel:
Novemberschnee
tut den Saaten wohl, nicht weh.

Weisheit:
Wer ehrlich hat gelebt und selig ist gestorben,
hat einen Himmel hier und einen dort erworben.
(Friedrich Freiherr von Logau)

Namenstage:
Martin, Pirmin, Hubert, Viktorin, Idda (Ida), Silvia, Winifred, Marian, Bertold von Engelberg, Johannes Baptist.

Die natürliche Hausapotheke:
Ein bewährtes Hausmittel gegen Entzündungen ist Johanniskrautöl. Setzen Sie die Blüten des Johanniskrautes in kaltgepreßtem Öl an und lassen Sie den Sud einige Zeit stehen. Wird er dann durch ein Tuch abgegossen, haben Sie das Öl.

4. November

Wetterregel:
Wenn der Donner im November rollt,
das kommende Jahr den Früchten hold.

Weisheit:
Viele Menschen wissen, daß sie unglücklich sind. Aber noch mehr Menschen wissen nicht, daß sie glücklich sein könnten! (Albert Schweitzer)

Namenstage:
Karl Borromäus, Gregor, Reginhard (Reinhard) von Siegburg, Modesta.

Die natürliche Hausapotheke:
In dieser Jahreszeit drohen besonders häufig Erkältungen. In vielen Fällen hilft ein Unterschenkelbad mit ansteigenden Wassertemperaturen. Erhöhen Sie durch Zugießen heißen Wassers die Wassertemperatur innerhalb von 12 Minuten von 36 auf 42 Grad. So fördern Sie die Durchblutung und verbessern Ihre Abwehrkräfte.

5. November

Das sagt der Hundertjährige Kalender: Ist es nachts im Wald viel kälter als auf freiem Feld, kann dies als Hinweis auf gutes Wetter gelten.

Wetterregel:
Viel Regen im November,
viel Wind im Dezember.

Weisheit:
Fast nie kommt der Mensch aus Vernunft zur Vernunft. (Montesquieu)

Namenstage:
Emmerich, Berthild, Bernhard.

Die natürliche Hausapotheke:
Wer unter fettigem Haar leidet, sollte sein Haar nach jeder Wäsche mit Bier durchspülen. Das Bier sollten Sie jedoch hinterher nicht wieder ausspülen.

6. November

Wetterregel:
Hängt das Laub bis November hinein,
wird der Winter lange sein.

Weisheit:
Mensch, was du tust, bedenk das End',
das wird die höchst' Weisheit genennt. (Hans Sachs)

Namenstage:
Leonhard, Protasius, Modesta, Erlfrid, Rudolf, Christine von Stommeln.

Die natürliche Hausapotheke:
Gegen Knoblauchgeruch können Sie frische Petersilie kauen.

7. November

Wetterregel:
Wenn's im November donnern tut,
wird das nächste Jahr nicht gut.

Weisheit:
Wir beklagen uns unaufhörlich, daß unsere Tage so wenige seien. Und wir betragen uns trotzdem so, als ob sie nie enden würden. (Seneca)

Namenstage:
Willibrord, Engelbert von Köln, Karina, Ernst von Steußlingen, Gisbert von Bebenhausen, Florentius.

Die natürliche Hausapotheke:
Allzuviel ist ungesund. Das gilt auch für das heiße Bad. Wer öfter mit einer Wassertemperatur von mehr als 36 Grad badet, tut seinen Blutgefäßen wenig Gutes, da die sich zu sehr ausdehnen. Normale Bäder haben 33 bis 36 Grad, ideal sind genau 35.

8. November

Wetterregel:
Baumblüt' im November gar
noch nie ein gutes Zeichen war.

Weisheit:
Die Nützlichkeit des Lebens liegt nicht in seiner Länge, sondern in seiner Anwendung. (Michel de Montaigne)

Namenstage:
Willehad, Gregor von Einsiedeln, Gottfried, Johannes Duns Skotus, Martin von Tours.

Die natürliche Hausapotheke:
Eiweißreiche Nahrung wie Fisch und Milch und vitaminreiche Nahrung wie Gemüse und Obst sollten Sie bei naßkaltem Wetter besonders bevorzugen. Dank deren Hilfe kann Ihr Körper mehr Abwehrstoffe aufbauen.

9. November

Lateran-Kirchweihfest

Wetterregel:
Novemberwasser auf den Wiesen,
dann wird das Gras im Lenze sprießen.

Weisheit:
Der gefährlichste Gegner der Kraft ist die Schwäche.
(Hugo von Hofmannsthal)

Namenstage:
Theodor von Euchaita, Ragnulf, Herfrid, Roland, Erpho.

Die natürliche Hausapotheke:
Wenn Sie spüren, daß eine Erkältung heraufzieht, sollten Sie heißen Holundersaft mit Traubenzucker trinken und anschließend im Bett eine Runde schwitzen.

10. November

Wetterregel:
Der November tritt oft hart herein,
trotzdem braucht nicht viel dahinter sein.

Weisheit:
Im Verzeihen des Unverzeihlichen ist der Mensch der göttlichsten Liebe am nächsten. (Gertrud von le Fort)

Namenstage:
Leo der Große, Justus von Canterbury, Johannes, Hermann, Eduard, Karl Friedrich.

Die natürliche Hausapotheke:
Kümmelfrüchte gelten als bewährtes Rezept gegen Magen- und Darmkrankheiten.

11. November

Hauptsächlich in Süddeutschland endet mit dem Martinstag das Bauernjahr. Dieser Tag galt einstmals als Winteranfang, mit dem das Pachtjahr zu Ende ging, an dem Hirten, Mägde und Knechte ihren Lohn bekamen und an dem die Zinsen bezahlt werden mußten. Auf dem Tisch dampfte einst wie jetzt oftmals die Martinsgans – ein Relikt aus dem Altertum, in dem mit diesem Schmaus zu dieser Zeit den Göttern Opfer dargebracht wurden. Heute halten vor allem Kinder den Martinsumzug mit Laternen und Lichtern ab, um des Bischofs von Tours zu gedenken, der seinen Mantel mit einem frierenden Bettler geteilt hat, Er gilt zusammen mit Sankt Georg als der vornehmste Heilige, da die beiden als einzige beritten dargestellt werden.

Wetterregel:
Ist es um Martini trüb,
wird der Winter gar nicht lieb.
Sankt Martin ist ein harter Mann
für den, der nicht bezahlen kann.

Weisheit:
Die Menschen soll man dazu erziehen, den Nächsten so zu behandeln, als ob er in acht Tagen eine Leiche wäre. (Alban Stolz)

Namenstage:
Martin von Tours, Men(n)as.

Die natürliche Hausapotheke:
Haben Sie einmal keine Zahnbürste zur Hand, kann das Essen eines Apfels Zähneputzen wirksam ersetzen.

12. November

Heute ist der einzige »verworfene Tag« im November. (Näheres siehe 2. Januar.)

Wetterregel:
Wie der November,
so auch der nächste März.

Weisheit:
Gott will weder, daß das Böse geschehe, noch will er, daß das Böse nicht geschehe; er will zulassen, daß das Böse geschehe. Und das ist ein Gut. (Thomas von Aquin)

Namenstage:
Josaphat, Arsacius, Kunibert, Ämilian, Liafwin, Fegerin, Diego, Renatus.

Die natürliche Hausapotheke:
Wollen Sie Ihrem Kind in den Mund sehen – zum Beispiel, um herauszufinden, ob die Mandeln entzündet sind –, kann es manchmal Probleme geben, weil es den Mund nicht weit genug öffnet, damit Sie die Zunge mit einem Löffel hinunterdrücken können. Wenn Sie nun statt des Löffels einen Lutscher mit Stiel nehmen, ist das Problem schnell beseitigt.

13. November

Wetterregel:
Wenn der November regnet und frostet,
dies leicht die Saat das Leben kostet.

Weisheit:
Daß viele unrecht gehen, macht den Weg nicht recht.
(Volksmund)

Namenstage:
Himer, Stanislaus Kostka, Briktius, Gerberg, Wilhelm von Niederaltaich, Siard, Karl, Gertrud.

Die natürliche Hausapotheke:
Pflegen Sie Ihre Augen und bekämpfen Sie Ihre Krähenfüße mit einem Kamillenteeaufguß. Dazu müssen Sie die Blüte mindestens eine halbe Stunde lang ziehen lassen. Tränken Sie ein Tuch mit der abgegossenen Lösung, drücken Sie es aus und legen Sie es auf Ihr Gesicht. Darüber kommt ein zweites, trockenes Tuch. Diese Wohltat sollten Sie sich regelmäßig eine gute halbe Stunde gönnen – am besten abends.

14. November

Das sagt der Hundertjährige Kalender: Mattblauer Himmel steht auch im Spätherbst für gutes Wetter.

Wetterregel:
Läßt der November die Füchse bellen,
wird der Winter viel Schnee bestellen.

Weisheit:
Wer sich die Ohren zuhält, hat die Hände nicht mehr frei. (Wolfgang Eschker)

Namenstage:
Sidonius, Alberich, Bernhard.

Die natürliche Hausapotheke:
Hier ein altes Teerezept gegen Erkältungen: Kochen Sie je eine Handvoll Holunder-, Linden- und Huflattichblüten zusammen mit einer Stange Kandiszucker auf. Gießen Sie den Sud durch ein Sieb und trinken Sie ihn so heiß wie möglich. Statt des Kandiszuckers können Sie auch Holundersirup zum Süßen verwenden.

15. November

Wetterregel:
Der heilige Leopold
ist dem Altweibersommer hold.

Weisheit:
Kein Mensch will etwas werden, ein jeder will schon etwas sein. (Johann Wolfgang von Goethe)

Namenstage:
Albertus Magnus von Lauingen, Leopold III., Marinus, Anianus, Findan.

Die natürliche Hausapotheke:
Eine Wärmeflasche wirkt in dieser Jahreszeit manchmal Wunder – nicht nur gegen Erkältung. Wenn Sie nun dem Wasser Salz oder Weinessig zugeben, bleibt die Wärmeflasche auch noch viel länger heiß.

16. November

Wetterregel:
Sperret der Winter zu früh das Haus,
hält er sicher nicht lange aus.
Bleibt aber der Vorwinter aus,
kommt der Nachwinter mit Frost und Braus.

Weisheit:
Man entgeht wohl der Strafe, aber nicht dem Gewissen. (Volksmund)

Namenstage:
Margarete, Gertrud, Otmar, Waltger (Walter).

Die natürliche Hausapotheke:
Wer über Halsschmerzen klagt, sollte mit Salzwasser gurgeln.

17. November

Wetterregel:
Blühn im November die Bäume aufs neu,
dann währet der Winter bis zum Mai.

Weisheit:
Wie alt man geworden ist, sieht man an den Gesichtern derer, die man jung gekannt hat. (Heinrich Böll)

Namenstage:
Gertrud die Große, Florin, Viktoria von Cordoba, Hilda, Hiltrud, Salome, Maria Josefa, Elisabeth.

Die natürliche Hausapotheke:
Bei Verstauchungen oder Prellungen hilft Eis, das auf die betreffende Stelle gelegt wird. Wer eine besonders empfindliche Haut hat, sollte zwischen ihr und dem Eis ein Tuch legen. Falls kein Eis zur Hand ist, können Sie auch kaltes Wasser über die Stelle fließen lassen, und zwar mindestens zehn Minuten lang.

18. November

Peter-Paul-Kirchweihfest

Wetterregel:
Wenn der November blitzt und kracht,
im nächsten Jahr der Bauer lacht.

Weisheit:
Das Laster, dem man selbst heimlich nahesteht, verurteilt man am eifrigsten. (Sigmund Graff)

Namenstage:
Odo, Gerung von Roggenburg.

Die natürliche Hausapotheke:
Ein brauner Teint ist auch im Herbst und Winter kein Problem. Wer sich täglich mit Karottensaft einreibt, kann so seine Urlaubsbräune auf natürliche Weise erhalten.

19. November

Wetterregel:
Sankt Elisabeth sagt es an,
was der Winter für ein Mann.

Weisheit:
Es ist leichter, anderen mit Weisheit zu dienen, als sich selbst. (François La Rochefoucauld)

Namenstage:
Elisabeth von Thüringen, Toto von Ottobeuren, Swidger, David, Mechthild.

Die natürliche Hausapotheke:
Großmutters Rat gegen Haarausfall: Den Saft einer Zwiebel mit Franzbranntwein mischen und in die Kopfhaut einmassieren.

20. November

Wetterregel:
Fällt im November das Laub sehr früh zur Erden,
soll es nächstes Jahr ein feiner Sommer werden.

Weisheit:
Die kleinsten Sünder tun die größte Buße.
(Marie Ebner-Eschenbach)

Namenstage:
Korbinian, Bernward, Edmund.

Die natürliche Hausapotheke:
Viele Menschen klagen über Nackenverspannungen. Schon Großmutter wußte: Hier kann Wärme helfen. Denn ist der Nacken gut durchblutet, wirkt sich dies positiv auf das ganze Gefäßsystem aus. Abwehrkräfte werden gestärkt, Schmerzempfindlichkeit läßt nach. Deshalb ist es auch nachts wichtig, den Nacken warm zu halten.

21. November

Mariä Opferung

Wetterregel:
Wenn an Mariä Opferung die Bienen fliegen,
ist das nächste Jahr ein Hungerjahr.

Weisheit:
Trösten ist eine Kunst des Herzens. Sie besteht oft nur darin, liebevoll zu schweigen und schweigend mitzuleiden. (Otto von Leixner)

Namenstage:
Amalberg, Johannes von Meißen.

Die natürliche Hausapotheke:
Hin und wieder ein Eigelb in einem Glas Rotwein verquirlt ist ein bewährtes Aufbaumittel für den Organismus.

22. November

Nach alter Auffassung wird Bauholz, das im November bei abnehmendem Mond geschlagen wird, weder faulig noch wurmig.

Wetterregel:
Wenn im November Donner grollt,
wird dem Getreide Lob gezollt.

Weisheit:
Man muß nie bei Menschen zuerst Trost suchen, sondern bei Gott, und den Menschen schon gefaßt gegenübertreten. Dann allein wirken sie wohltätig auf uns.

(Carl Hilty)

Namenstag:
Cäcilia.

Die natürliche Hausapotheke:
Bei Durchfall soll es helfen, wenn Sie ein Glas abgestandene Cola trinken und dazu ein Knäckebrot essen.

23. November

Wetterregel:
Dem heiligen Klemens traue nicht,
denn selten zeigt er ein mild Gesicht.

Weisheit:
In jede hohe Freude mischt sich eine Empfindung der Dankbarkeit. (Marie von Ebner-Eschenbach)

Namenstage:
Klemens, Kolumban, Trudo, Felizitas, Detlev von Parkentin.

Die natürliche Hausapotheke:
Wenn Sie Ihre Haare waschen, sollten Sie dem letzten Spülwasser etwas Essig beigeben. Dadurch glänzt Ihr Haar besonders schön und wird auch nicht so schnell grau.

24. November

Wetterregel:
Wenn im November die Stern' stark leuchten,
läßt dies auf baldige Kälte deuten.

Weisheit:
Gott hat ein größeres Verlangen, dir Wohltaten zu erweisen, als du, sie zu empfangen. (Augustinus)

Namenstage:
Modestus, Flora, Hitto, Johannes Leisentritt, Albert.

Die natürliche Hausapotheke:
Hanfsamen ist ein bewährtes Hausmittel. Zerrieben und mit Wasser vermengt, hilft er bei Nasenbluten, Nieren- und Blasenleiden sowie Entzündung der Harnwege.

25. November

Der Namenstag der heiligen Katharina war vor allem im katholischen Raum der Beginn der Vorweihnachtszeit. Dies bedeutete, daß heitere Geselligkeiten aufzuhören hatten. »Kathrein stellt den Tanz ein«, hieß ein alter Bauernspruch.

Wetterregel:
Wie Sankt Kathrein
wirds Neujahr sein.

Weisheit:
Ich behaupte, wenn alle Menschen wüßten, was sie voneinander sagen, es nicht vier Freunde auf der Welt gäbe. (Blaise Pascal)

Namenstage:
Katharina von Alexandrien, Elisabeth von Reute, Egbert, Margarete, Niels.

Die natürliche Hausapotheke:
Ein Tee aus Walnußblättern soll der Überlieferung nach Abhilfe bei eitrigen Geschwüren und Ausschlag schaffen. Dazu müssen Sie eine Handvoll Walnußblätter eine knappe Viertelstunde in einem Liter Wasser kochen. Zwei bis drei Tassen täglich, mit Honig gesüßt, und der Ausschlag gehört bald der Vergangenheit an.

26. November

Das sagt der Hundertjährige Kalender: Winde aus Westen oder Südwesten lassen Regen oder sogar Schnee befürchten.

Wetterregel:
Noch niemals stand ein Mühlenrad
an Konrad, weil er Wasser hat.

Weisheit:
Die Freiheit besteht darin, daß man alles tun kann, was einem anderen nicht schadet. (Matthias Claudius)

Namenstage:
Konrad, Johannes, Bertger, Ida, Albert von Oberaltaich.

Die natürliche Hausapotheke:
Zähneputzen mit warmem Salbeitee festigt das Zahnfleisch, verhindert Entzündungen in Mund und Rachen und sorgt für schöne weiße Zähne.

27. November

Wetterregel:
Hat im November die Buche noch ihren Saft,
so wird der Regen stärker als der Sonne Kraft.

Weisheit:
Man dient Gott mehr durch das Leiden als durch das Wirken. (Franz von Sales)

Namenstage:
Bilhild, Oda, Virgil, Modestus.

Die natürliche Hausapotheke:
Kinder und Jugendliche zwischen 12 und 18 Jahren legen besonders schnell Fettdepots an. Deshalb kommt es gerade für diese Altersgruppe darauf an, fettarm zu essen.

28. November

Wetterregel:
Novemberdonner
schafft guten Sommer.

Weisheit:
Wohl mag es Liebe auf den ersten Blick geben, nicht aber Freundschaft. (Ernst Zacharias)

Namenstage:
Berta, Gunther, Hathumod.

Die natürliche Hausapotheke:
Autofahrer, die zuviel, zuwenig oder falsch gegessen haben, werden schneller aggressiv oder müde. Deshalb sollten Sie immer etwas frisches Obst, Vollkornbrot oder Käse im Handschuhfach dabei haben, wenn Sie auf Reise gehen.

29. November

Und so heißt der November in anderen Sprachen: Deutsch des 15. Jahrhunderts: Wintermond; Französisch: Novembre; Lateinisch: November; Altdeutsch: Nebeling; Englisch: November; Italienisch: Novembre; Jüdisch: Kislev; Arabisch: Dhul-kade.

Wetterregel:
Bringt der November Morgenrot,
der Aussaat viel Regen droht.

Weisheit:
Stunden der Not vergiß. Doch was sie dich lehrten, vergiß nie! (Salomon Geßner)

Namenstage:
Friedrich, Saturnin, Radbod, Jolanda, Jutta von Heiligenthal, Christine, Franz Joseph.

Die natürliche Hausapotheke:
Neben Kosmetik, Gymnastik und Sport sind Bäder besonders empfehlenswerte Fitmacher. Wenn Sie sich beispielsweise zu einer Kneippkur entschließen, sollten Sie auf jeden Fall auch auf die richtige Ernährung achten, da diese ein wichtiger Bestandteil einer solchen Kur ist.

30. November

In der Andreasnacht, so glaubte man früher, zeigte sich heiratswilligen Mädchen der künftige Gemahl im Spiegel. Der tiefere Hintergrund mag sein, daß im heidnischen Glauben die letzte Novembernacht dazu da war, Dämonen abzuwehren. Auch winterliche Fruchtbarkeitssymbolik nahm an diesem Tag ihren Anfang.

Wetterregel:
Andreasschnee
tut Korn und Weizen weh

Weisheit:
Verlasse alles, so findest du alles; laß deine Begierde, so findest du Ruhe. (Thomas von Kempen)

Namenstage:
Andreas, Emming, Gerwald, Folkard.

Die natürliche Hausapotheke:
Gerade in der vitaminarmen Jahreszeit ist es wichtig, daß Obst und Gemüse auf den Tisch kommen. Vor dem Verzehr müssen diese natürlich gereinigt werden. Doch sollte beispielsweise Salat keineswegs zu lange im Wasser liegen, weil auf diese Weise die wasserlöslichen Vitamine verlorengehen. Besser ist es, den Salat nur kurz zu spülen und in der Salatschleuder trockenzuschleudern.

Dezember

Christmonat

1. Dezember

Der Legende nach sollen heute Sodom und Gomorrha zerstört worden sein. Deshalb befand der Aberglaube, es müsse an diesem Tag auch alles beendet werden, was begonnen wurde.

Wetterregel:
Fällt auf Eligius ein starker Wintertag,
die Kälte vier Monate dauern mag.

Weisheit:
Bei einer Kerze ist nicht das Wachs wichtig, sondern das Licht. (Antoine de Saint-Exupéry)

Namenstage:
Natalie, Eligius, Landoald, Blanka, Edmund, Charles.

Die natürliche Hausapotheke:
Ein Tip aus Großmutters Schatzkästlein: Kochen Sie Wacholderbeeren in Wein. Diese Flüssigkeit löst Schleim und führt Sand, Stein und Eiter aus dem Körper ab.

2. Dezember

Die besonderen Edelsteine für Dezember sind Türkis und Rubin. (Näheres siehe 8. Januar.)

Wetterregel:
Wenn's regnet am Bibianstag,
regnet's vierzig Tage und eine Woche danach.

Weisheit:
Man kann nichts dagegen tun, daß man altert. Aber man kann sich dagegen wehren, daß man veraltet.

(Lord Samuel)

Namenstage:
Luzius, Bibiana, Wisinto, Johannes.

Die natürliche Hausapotheke:
Wenn Sie sich müde und abgespannt fühlen, kann eine Eiweißmaske gut tun. Dazu müssen Sie eine Maske aus geschlagenem Eiweiß, acht bis zehn Tropfen Zitrone und Rosenöl herstellen und diese gleichmäßig aufs Gesicht verteilen. Entspannen Sie Ihre Gesichtsmuskeln, und wenn Sie das Gefühl haben, Ihre Maske ist eingetrocknet, können Sie sie mit warmem Wasser wieder abwaschen.

3. Dezember

Noch gar nicht so alt ist der Adventskranz in seiner heutigen Form. Zwar sollten grüne, geflochtene Kränze schon im Altertum durch ihren Ringzauber gegen Unheil helfen. Doch erst Mitte des 19. Jahrhunderts wurden vor den Toren Hamburgs im »Rauhen Haus«, einer Art Obdachlosenasyl, Kerzenandachten abgehalten, wobei Abend für Abend mehr Kerzen angezündet wurden. Langsam breitete sich dieser Brauch aus, ehe er sich im I. Weltkrieg endgültig durchsetzte, als ihn deutsche Soldaten in ganz Europa verbreiteten.

Wetterregel:
Dezemberwärme hat Eis dahinter.

Weisheit:
Alter macht zwar immer weiß, aber nicht immer weise. (Volksmund)

Namenstage:
Franz Xaver, Gerlind, Emma, Johann Nepomuk, Attala, Modestus, Sola.

Die natürliche Hausapotheke:
Gegen Froststellen am Körper gibt es aus Großmutters Zeiten eine wirkungsvolle Salbe: Vermischen Sie je 1,5 Gramm essigsaure Tonerde und Perubalsam und 0,3 Gramm Kampfer mit 10 Gramm gelber Vaseline und 20 Gramm wasserfreiem Lanolin.

4. Dezember

Heute ist das Fest der heiligen Barbara, der Patronin der Bergleute und eine der 14 Nothelfer. An ihrem Tag werden Zweige von Obstbäumen, vor allem Äpfel, Birnen und Kirschen, geschnitten und ins Wasser gestellt, damit sie an Weihnachten blühen und so ein segensreiches Jahr verheißen. Manche sehen in den Barbarazweigen sogar einen Vorläufer des Christbaumes.

Wetterregel:
Geht Barbara im Klee,
kommts Christkind im Schnee.

Weisheit:
Es gibt Leute, die meinen, alles wäre vernünftig, was man mit einem ernsthaften Gesicht tut.
(Georg Christoph Lichtenberg)

Namenstage:
Johannes von Damaskus, Barbara, Osmund, Christian, Adolf, Anno.

Die natürliche Hausapotheke:
Ein Tip aus alten Tagen gegen Verdauungsbeschwerden: Lassen Sie einen Eßlöffel Ysopkraut in einem Viertelliter kochenden Wasser etwa acht bis zehn Minuten ziehen. Der Tee, der dabei entsteht, hilft außerdem gegen Verschleimung.

5. Dezember

Das sagt der Hundertjährige Kalender: Schlechte Fernsicht deutet auf gutes Wetter hin.

Wetterregel:
Fließt im Dezember noch der Birkensaft,
dann kriegt der Winter keine Kraft.
Bricht der Spatz in Pfützen ein,
wird's ein milder Christmond sein.

Weisheit:
Das göttliche Kind erfüllt die Verheißung. Nur wo es erwartet wird, kann es empfangen werden.

(Jean-Marie Lustiger)

Namenstage:
Anno, Attala, Sola, Hartwich, Reginhard, Niels.

Die natürliche Hausapotheke:
Dreimal täglich ein Teelöffel mit einer Mischung aus drei Teilen geriebenem Meerrettich und einem Teil Bienenhonig soll schon vielen Asthmatikern geholfen haben.

6. Dezember

Sankt Nikolaus, der Schutzherr der Kinder, hat heute seinen großen Auftritt. Im 4. Jahrhundert Bischof von Myra, ist er etwa seit dem Jahr 1000 in Europa hoch verehrt. Der Nikolauskult hat viele Wendungen durchgemacht. So, wie heute der Nikolausabend gefeiert wird, hat er mit dem ursprünglichen Vorgehen jedoch kaum noch etwas gemein – vor allem, was die heidnisch angehauchte Figur des Knecht Ruprecht betrifft.

Wetterregel:
Regnet es an Nikolaus,
wird der Winter streng und graus.

Weisheit:
An kleinen Dingen muß man sich nicht stoßen,
wenn man zu großen auf dem Wege ist.
(Christian Friedrich Hebbel)

Namenstage:
Nikolaus, Dionysia, Henrika.

Die natürliche Hausapotheke:
Bekämpfen Sie Ihren Winterschnupfen, indem Sie Zitronensaft in die hohle Hand gießen und ihn zwei- bis dreimal täglich mit der Nase aufsagen.

7. Dezember

Wetterregel:
Donnert's im Dezember gar,
kommt viel Wind das nächste Jahr.

Weisheit:
Eine Wunde, die ein Freund schlägt, heilt nicht.
(Aus Zaire)

Namenstage:
Ambrosius, Gerald.

Die natürliche Hausapotheke:
Wenn Sie an Verstopfung leiden, sollten Sie auf Schokolade, Kuchen, Reis, Weißbrot und Nudeln verzichten.

8. Dezember

Mariä unbefleckte Empfängnis.

Wetterregel:
Ist's im Dezember kalt,
wird der Winter zwar hart,
aber der Frühling kommt bald.

Weisheit:
Man gibt Almosen, um der Not abzuhelfen, aber nicht, um die Faulheit auf die Weide zu treiben.
(Aurelius Augustinus)

Namenstage:
Conception, Immaculata, Alfrida, Edith, Sabina, Konstantin.

Die natürliche Hausapotheke:
Sprödes und stumpfes Haar können Sie nach einem alten Hausrezept mit einer Eipackung bekämpfen. Schlagen Sie ein Ei und verteilen Sie es auf Ihr Haar. Nach einer etwa halbstündigen Einwirkzeit müssen Sie es mit lauwarmem Wasser gründlich ausspülen.

9. Dezember

Wetterregel:
Je tiefer der Schnee,
um so höher der Klee.

Weisheit:
Die Zeit vergeht so schnell, daß wir vielmehr daran denken sollen, wie wir gut sterben, als wie wir gut leben. (Heilige Theresia)

Namenstage:
Eucharius, Liborius, Petrus Fourier.

Die natürliche Hausapotheke:
Warme Kognakmilch regt den Kreislauf an: Dazu brauchen Sie ¼ Liter Milch, ¼ ungespritzte Zitronenschale, ein Eigelb, zehn Gramm Zucker und drei Eßlöffel Kognak. Milch und Zitronenschale werden zusammen erwärmt und durch ein Sieb gegossen, mit Eigelb, Zucker und Kognak über kleinem Feuer schaumig geschlagen und heiß serviert.

10. Dezember

Wetterregel:
Dezember warm – Gott erbarm!

Weisheit:
Der Mensch ist nie so schön, als wenn er um Verzeihung bittet oder selbst verzeiht. (Jean Paul)

Namenstage:
Tethard, Brun(o), Angelina, Johann Georg.

Die natürliche Hausapotheke:
Gurkensaft – innerlich und äußerlich angewendet – hilft bei Ekzemen, rotem Gesicht, Nervosität und Frostschäden der Haut.

11. Dezember

Wetterregel:
Dezember veränderlich und lind,
ist der ganze Winter ein Kind.

Weisheit:
Wir würden uns oft unserer schönsten Taten schämen, wenn die Welt alle Beweggründe sähe, aus denen sie hervorgehen. (François La Rochefoucauld)

Namenstage:
Damasus, Tassilo III., Richer, David, Arthur.

Die natürliche Hausapotheke:
Ein hilfreicher Rat gegen Migräneanfälle: Machen Sie sich einen Mokka, pressen Sie eine halbe unbehandelte Zitrone hinein und rühren Sie drei Teelöffel Zucker dazu.

12. Dezember

Wetterregel:
Wenn's jetzt nicht wintert,
sommert's auch nicht.

Weisheit:
Wer die Dummköpfe gegen sich hat, verdient Vertrauen. (Jean-Paul Sartre)

Namenstage:
Johanna Franziska, Vizelin, Hartmann von Brixen, Dietrich.

Die natürliche Hausapotheke:
Ihre Haut wird zart und weich, wenn Sie sie täglich mit einer besonderen Mischung waschen: je ein Eßlöffel Glyzerin, Honig und Zitronensaft in einem Liter warmem Wasser aufgelöst.

13. Dezember

Bis zur Einführung des gregorianischen Kalenders im Jahr 1582 war der Tag der heiligen Luzia der kürzeste Tag im Jahr. Diese Tatsache zog allerlei Brauchtum nach sich. So war Luzia einmal eine Frau, vor der sich die Kinder arg fürchteten, etwa in Böhmen. Dann wieder tritt sie als weiße, gabenbringende Frau mit einem Lichterkranz auf, wie heute noch in Skandinavien.

Wetterregel:
Kommt die heilige Luzia,
findet sie schon Kälte da.

Weisheit:
Licht bedeutet nicht, daß es keine Nacht mehr gibt. Aber es bedeutet, daß die Nacht erhellt und überwunden werden kann. (Heinrich Fries)

Namenstage:
Luzia, Odilia (Ottilia), Jodok (Jobst, Jost), Emo, Benno.

Die natürliche Hausapotheke:
Eine Weisheit aus Großmutters Schatztruhe besagt, daß eine Halskette aus Knoblauchzehen oder Zwiebeln ein guter Schutz gegen fiebrige Erkältungen ist. Auch bei Verschleimungen soll dieser seltsame Schmuck Wunder wirken.

14. Dezember

Wetterregel:
Eine gute Decke von Schnee
bringt Winterkorn in die Höh.

Weisheit:
Gemalte Blumen duften nicht. (Volksmund)

Namenstage:
Johannes vom Kreuz, Franziska, Bertold von Regensburg.

Die natürliche Hausapotheke:
Ein Eigelb in einem Glas dunklen Bier verquirlt und gemütlich vor dem Schlafengehen getrunken, ist ein bewährtes Hausmittel gegen Erkältungskrankheiten.

15. Dezember

Das sagt der Hundertjährige Kalender: Ein milchig-gelber Sonnenuntergang läßt schlechtes Wetter befürchten.

Wetterregel:
Ist der Winter warm,
wird der Bauer arm.

Weisheit:
Wer nicht zu schweigen weiß, der weiß auch nicht zu reden. (Seneca)

Namenstage:
Wunibald, Carlo Steeb, Christiane (Nina).

Die natürliche Hausapotheke:
Ein altes Hausrezept gegen Durchfall: Trinken Sie eine Tasse des Wassers, das beim Reiskochen entsteht.

16. Dezember

Wetterregel:
Die Erde muß ihr Schneekleid haben,
soll sie der Winterschlaf auch laben.

Weisheit:
An Ideen fehlt es nicht, aber an Männern, sie auszuführen. (Honoré de Balzac)

Namenstage:
Sturm(i), Adelheid, Tanko, Ado, Dietrich.

Die natürliche Hausapotheke:
Vollkornbrot beugt Gefäß- und Herzleiden vor.

17. Dezember

Das sagt der Hundertjährige Kalender: Ein klarer roter Sonnenuntergang bedeutet meist gutes Wetter.

Wetterregel:
Sturm im Dezember und Schnee,
dann schreit der Bauer juche.

Weisheit:
Man muß seine Wünsche aushalten. Sie geben nach. (Richard Schaukal)

Namenstage:
Lazarus, Jolanda.

Die natürliche Hausapotheke:
In Milch gekochter Hanfsamen soll bei Husten und entzündeten Harnwegen gute Dienste leisten.

18. Dezember

Wetterregel:
Wie der Dezember pfeift,
so tanzt der Juni.

Weisheit:
Die Liebe trägt die Seele, wie die Füße den Leib tragen. (Katharina von Siena)

Namenstage:
Philipp, Wunibald.

Die natürliche Hausapotheke:
Ein Grog aus heißen Fliederbeeren, verbunden mit einer Schwitzkur, verjagt nach einem alten Hausrezept Ihre Erkältung.

19. Dezember

Wetterregel:
Wenn man den Winter soll loben,
so muß er frieren und toben.

Weisheit:
Klatschen heißt: Anderer Leute Sünden beichten.
(Wilhelm Busch)

Namenstage:
Petrus von Arolsen, Konrad von Liechtenau.

Die natürliche Hausapotheke:
Ohrenschmerzen können Sie mit Holunderblüten- oder Kamillenteedämpfen bekämpfen.

20. Dezember

Wetterregel:
Friert's am kürzesten Tage,
ist's immer eine Plage.

Weisheit:
Die erste Bedingung, um mit anderen in Frieden leben zu können, ist die, mit sich selbst in Frieden zu sein.
(Aristide Gabelli)

Namenstage:
Hoger, Eido, Heinrich, Regina Hueter.

Die natürliche Hausapotheke:
Gegen plötzliche Magenbeschwerden hilft oft eine Zwiebelkompresse. Schneiden Sie Zwiebeln in dünne Scheiben und erhitzen Sie sie (jedoch nicht braten!). Legen Sie die Zwiebeln, in ein Säcklein aus porösem Stoff gefüllt, auf den Magen, legen Sie ein wasserdichtes Tuch darüber und umwickeln Sie den Patienten zum Schluß noch mit einer Wolldecke.

21. Dezember

Heute ist Winteranfang, der Zeitpunkt, an dem die Sonne in ihrem südlichen Wendepunkt steht und damit ihren niedrigsten Stand erreicht hat. Für die nördliche Erdhalbkugel ist somit heute der kürzeste Tag. Mit ihm beginnt daher auch die geheimnisvollste Zeit des Jahres. Angeblich weil er am längsten an Christus zweifelte, soll dieser Tag dem heiligen (»ungläubigen«) Thomas geweiht worden sein, dessen Tag nach dem katholischen Kalender jedoch auch am 3. Juli begangen wird. Manche zählen den Thomastag bereits zu den sogenannten zwölf Rauhnächten, die sich bis Heiligdreikönig hinziehen. An ihnen beobachteten die Bauern einst besonders sorgsam das Wetter, um daraus Schlußfolgerungen für das kommende Jahr zu ziehen.

Wetterregel:
Wenn Sankt Thomas dunkel war,
gibt's ein schönes neues Jahr.

Weisheit:
Was immer du auf Erden verschenkst,
es wird dich in den Himmel begleiten.

(Aus dem Koran)

Namenstage:
Thomas, Hagar, Bezela, Richard, Peter, Petrus.

Die natürliche Hausapotheke:
Eine Gesichtsmaske aus Apfel, Orangensaft und Zitrone hilft in vielen Fällen bei fettiger Haut.

22. Dezember

In den zwölf geheimnisvollen Rauhnächten zwischen Weihnachten und Dreikönig trieb der Aberglaube die seltsamsten Blüten. Die Bauern versuchten, wenn es dunkel wurde, mit Weihrauch die Dämonen aus Haus und Hof zu verbannen. Die Bäuerinnen backten kein Brot, sponnen nicht und wuschen keine Wäsche, um die Geister nicht zu verärgern. Und auch ansonsten unterließ man alles, was hätte Unfrieden stiften können. In manchen Gegenden wurden sogar Speisen vor die Tür gestellt, um sich die dunklen Mächte gewogen zu machen.

Wetterregel:
Im Dezember sollen Eisblumen blühn.
Weihnachten sei nur auf dem Tische grün.

Weisheit:
Unsere Tage sind zu dunkel, um nicht eine neue Sonne zu verheißen. (Paul de Lagarde)

Namenstage:
Jutta von Sponheim, Bertheid, Marian.

Die natürliche Hausapotheke:
Wermutkraut soll besonders gegen Appetitlosigkeit helfen.

23. Dezember

Wetterregel:
Ein dunkler Dezember bringt ein gutes Jahr,
ein nasser aber macht es unfruchtbar.

Weisheit:
Wenn Bescherung ist, soll man den Sack auftun und das Zuknöpfen nicht vergessen. (Volksmund)

Namenstage:
Johannes von Krakau, Dagobert II., Viktoria, Gregor, Gaubald, Ivo, Thorlak, Hartmann.

Die natürliche Hausapotheke:
Wer eine Wunderkur für nach den Weihnachtsfeiertagen sucht, sollte wissen: »Die« Patentdiät gibt es nicht! Dauerhaften Erfolg versprechen nur behutsam durchgeführte Kuren, am besten unter ärztlicher Aufsicht. Vielleicht sollten Sie Ihre Eßgewohnheiten von Haus aus überdenken, wenn Sie häufig von einer Schlankheitskur zur nächsten wechseln.

24. Dezember

Heiliger Abend

Das Wort »Weihnachten« stammt vermutlich vom mittelhochdeutschen »ze den wihen nahten«: zu den heiligen Nächten. Seit dem Jahr 354 wird damit an diesem Tage die Geburt Jesu Christi gefeiert. Das Datum kommt nicht von ungefähr: Der Gott »Sol invictus heliogabalus« – die unbesiegbare Sonne – hatte an diesem Tag im alten Rom, aber auch schon bei den Ägyptern, Syrern und Griechen, seinen vielgefeierten Geburtstag. Die Germanen feierten an diesem Tag das Julfest – die Wintersonnenwende. Dieser Kult war in der Spätantike der ernsthafteste Gegner des Christentums.

Wetterregel:
Wenn Christkindlein Regen weint,
vier Wochen keine Sonne scheint.

Weisheit:
Wird Christus tausendmal zu Bethlehem geboren,
und nicht in dir, du bleibst verloren. (Angelus Silesius)

Namenstage:
Adam und Eva, Hanno, Adelbert, Erkenbert, Irmina, Johannes.

Die natürliche Hausapotheke:
Die Blüten der Königskerze gelten als bewährtes Rezept gegen Magen- und Darmkatarrh.

25. Dezember

Christfest

Die Tage werden länger.
Weihnachten um einen Mückenschritt,
Neujahr um einen Hahnentritt,
Dreikönig um einen Hirschensprung,
Lichtmeß (Mariä Lichtmeß am 2. Februar) um eine ganze Stund.

Wetterregel:
Ist gelind der heilge Christ,
der Winter drüber wütend ist.

Weisheit:
Der Glaube hat nicht nur den Sinn, sondern die Freude in die Welt gebracht. (Paul Claudel)

Namenstage:
Eugenia, Anastasia, Theresia.

Die natürliche Hausapotheke:
Rebelliert Ihr Magen während der Feiertage, gilt ein mit Arrak getränktes Stück Papier, auf die Magengrube gelegt, als bewährtes Hausmittel. Anhaltendes Erbrechen wird bekämpft, indem Eisstückchen geschluckt und kalte Kompressen auf den Magen gemacht werden. Lagern Sie den Kopf tief und seitlich.

26. Dezember

Fest des Erzmärtyrers heiliger Stephan, das bereits seit dem 5. Jahrhundert gefeiert wird. Er gilt als Vorbild der Feindesliebe.

Wetterregel:
Bringt Sankt Stephan Wind,
die Winzer nicht fröhlich sind.

Weisheit:
Ein Leben ohne Feste ist wie ein langer Weg ohne Einkehr. (Demokrit)

Namenstage:
Stephanus, Richlind.

Die natürliche Hausapotheke:
Über Weihnachten bleibt es nicht aus, daß man einmal mehr Alkohol trinkt, als einem lieb ist. Um sich unnötige Kopfschmerzen am anderen Morgen zu ersparen, sollten Sie vor dem Schlafengehen einen rohen Apfel essen.

27. Dezember

Fest des Evangelisten Johannes

Am Namenstag von Johannes, des Lieblingsjüngers Jesu, wechselten früher Mägde und Knechte die Stellung und verabschiedeten sich mit einem Tanzabend. In Erinnerung an den Giftkelch, den Johannes der Legende nach ohne Schaden trank, wird in seinem Namen Wein gesegnet, dem man höchste Kräfte, etwa gegen Krankheiten, zuschreibt. Aber auch bei der Hochzeitsmesse wird gern Johanniswein ausgeschenkt.

Wetterregel:
Weht Dezemberwind aus Ost,
bringt er den Kranken schlechten Trost.

Weisheit:
Ihr müßt Herzen säen, wollt ihr Herzen ernten.
(Ludwig Börne)

Namenstage:
Johannes, Fabiola, Ezzo, Rudger, Walto.

Die natürliche Hausapotheke:
Fastenkuren – wie sie nach Weihnachten gern begonnen werden – sollten stets mit einem Obsttag eingeleitet werden. Während einer solchen Kur, die nur unter ärztlicher Aufsicht vorgenommen werden sollte, ist wegen der verstärkten Ausdünstung intensive Körperpflege besonders wichtig. Begleiten Sie Ihre Kur durch Meditation und innere Ruhe.

28. Dezember

Fest der unschuldigen Kinder

Am »Tag der unschuldigen Kinder« befahl Herodes, alle Knaben unter zwei Jahren in Betlehem zu töten, weil er von den Weisen die Kunde erhalten hatte, daß es dort einen Rivalen um seinen Thron gebe.

Wetterregel:
Haben es die unschuldigen Kindlein kalt,
so weicht der Frost noch nicht so bald.

Weisheit:
Wer Gott kennt, kennt alles.
Wer Gott nicht kennt, kennt nichts.
(Dominique Lacordaire)

Namenstage:
Hermann und Otto von Frauenau, Franz.

Die natürliche Hausapotheke:
Nervösen Schweißausbrüchen und Hitzewallungen begegnen Sie nach einem alten Hausrezept am besten mit folgendem Getränk: Mischen Sie zu gleichen Teilen Johanniskraut, Schafgarbenkraut, Rosmarin und Raute und kochen Sie einen Eßlöffel davon für eine Tasse ab. Täglich ein bis drei Tassen, sehr langsam getrunken, lassen die Beschwerden in vielen Fällen verschwinden.

29. Dezember

Nach alter Auffassung soll Bauholz in den letzten Dezembertagen geschlagen werden, weil es dann weder fault noch wurmig wird.

Wetterregel:
Bringt Dezember Kälte ins Land,
dann wächst das Korn selbst auf dem Sand.

Weisheit:
Der Lohn für unseren Glauben wird sein, daß wir schauen, was wir glauben. (Augustinus)

Namenstage:
Thomas, Thamar (Tamara), Isai (Jesse), David, Lothar, Reginbert von Seldenbüren.

Die natürliche Hausapotheke:
So machen Sie Ihren Hustensaft selbst: Schneiden Sie eine rohe Zwiebel in Scheiben, bestreuen Sie sie mit Zucker und lassen Sie sie ein paar Stunden lang stehen. Der dabei entstehende klare, wohlschmeckende Sirup sollte teelöffelweise eingenommen werden.

30. Dezember

Und so heißt der Dezember in anderen Sprachen: Deutsch des 15. Jahrhunderts: Christmond; Französisch: Décembre; Lateinisch: December; Altdeutsch: Julmond; Englisch: December; Italienisch: Dicembre; Jüdisch: Tebet; Arabisch: Dhulhiddsche.

Wetterregel:
Nebel vor Weihnachten ist Brot,
Nebel nach Weihnachten ist Tod.

Weisheit:
Auf viele Feiertage folgt selten ein guter Werktag.
(Johann Geiler von Kayersberg)

Namenstage:
Felix I., Sabinus, German, Richard.

Die natürliche Hausapotheke:
Wenn kleine Kinder Leibschmerzen haben, gilt Fencheltee als ein erprobtes Hausrezept. Dazu sollten Sie einen gestrichenen Teelöffel Fenchelsamen mit einer Tasse kochendem Wasser aufbrühen und fünf Minuten ziehen lassen.

31. Dezember

Am 31. Dezember 335 starb Papst Silvester, der unter Kaiser Konstantin die Christen nach der langen Zeit der Verfolgung in eine Periode der Freiheit und des Friedens führte. Während seiner Herrschaft wurde unter anderem die Peterskirche in Rom errichtet. Ihm zu Ehren ist der letzte Tag des Jahres benannt. Die Legende verbindet seinen Tag außerdem mit der Taufe Kaiser Konstantins.

Wetterregel:
Silvesterwind und warme Sonn'
wirft jede Hoffnung in den Bronn'.

Weisheit:
Mensch, was du tust, bedenk das End'.
Das wird die höchst' Weisheit genennt. (Hans Sachs)

Namenstage:
Silvester, Kolumba, Melanie, Luitfrid von St. Blasien, Apollonia, Katharina, Maro (Marius), Odilo.

Die natürliche Hausapotheke:
Präparieren Sie für alle Fälle schon heute ein Kopfschmerztee für den Neujahrsmorgen. Dazu überbrühen Sie je eine Prise Eisenkraut, Kamille, Feldthymian und Basilikum mit einer Tasse kochendem Wasser, lassen das ganze fünf Minuten lang ziehen und trinken den Tee in kleinen Schlucken. Auf diese Weise bekämpfen Sie wirksam und gesund einen eventuellen Silvesterkater.

Literaturhinweise:

Marga Graubner: Zitatenauslese von A–Z. Wiesbaden 1978.

H. und O. Konstenzer: Alte Bauernregeln und Spruchweisheiten. Augsburg 1990.

Josef Kral: Christliches Zitatenlexikon. Abensberg 1950.

Eberhard Puntsch: Zitatenhandbuch. 10. Auflage, Landsberg/Lech 1986.

Feste und Bräuche im Jahreskreis. Aschaffenburg 1985.

Gerhard Eberts: Wir feiern das Jahr. München/Luzern 1973.